全國高中、中小學心理衛生教育指定參考讀本！
一部「導航式」的身體趣味知識「百科全書」！
完全圖解適合全家大小認識身體奧妙的典藏本！

完全圖解

身體趣味探險

健康研究中心主編

U0084735

前言

如果能以淺顯的文字、詳實的漫畫方式，來表達身體的構造以及各種器官的運作與功能性，相信會讓每個人都印象深刻。

尤其是對於小朋友們（其實大人也是）用探險方式來探究，對於較科學較理性的醫學常識如果以尋寶探險的方式來進行，相信就不再是一門枯燥乏味的功課了。當然探究身體並非生澀難懂的科目，所以它存在的趣味性依然魅力十足！

以淺顯易懂的文字敘述人體的構造及其功能，即使是兒童也能夠理解。醫學日新月異的進步，新的診斷法與治療法不斷地推陳出新。

由於對於人體各種器官的功能及構造有了相當深度的了解，因此，很多人對於神奇的生命現象已經不再驚嘆或懵懂無知了。

本書不探討艱澀難懂的部分，利用漫畫的方式說解剖生理，讓讀者能夠輕鬆地閱讀，並藉由了解自己身體的構造，增進自己的身體健康。

本書承襲《了解我們的身體》的一貫理論，以淺顯易懂的文字敘述人體的構造及其功能，即使是兒童也能夠理解。醫學日新月異的進步，新的診斷法與治療法也不斷的推陳出新。由於對於人體各種器官的目的及構造有了相當深入的了解，因此很多人對於神奇的生命現象已經不再驚嘆或懵懂無知了。

　　本書不探討艱澀難懂的部分，利用漫畫的方式解說解剖生理，讓讀者能夠輕鬆的閱讀。並藉由了解自己身體的輪廓，增進自己的健康。

　　最後，對於鼎力協助本書出版的飯野社長等多位人士，表示萬分的感謝。

目 錄

第4章　呼吸器官的探險

第5章　循環器官系統 1　心臟的探險

第6章　循環器官系統 2　血管的探險

第7章 循環器官系統 3 血液的探險

第8章 淋巴系統的探險

第9章 泌尿器官系統的探險

第10章 荷爾蒙之旅探險

第11章 眼、耳、鼻的探險

第12章　皮膚的探險

第13章　神經系統的探險

第14章　男孩與女孩差距的探險

第1章 身體表面的探險

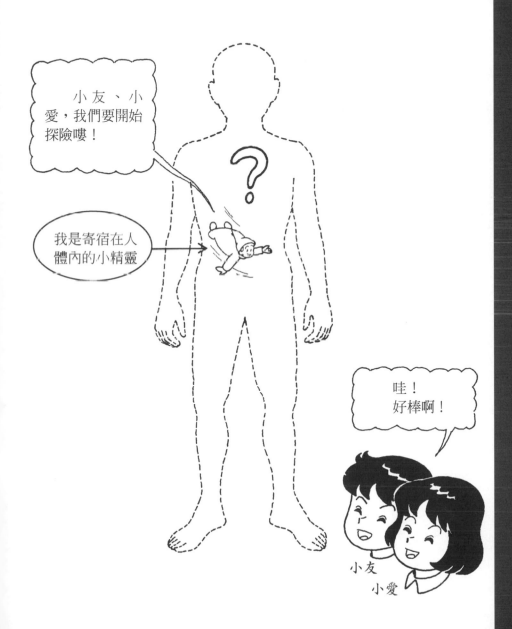

身體表面的探險

該從哪裡開始進行呢？

就先從身體表面的名稱開始吧！現在就要出發嘍！

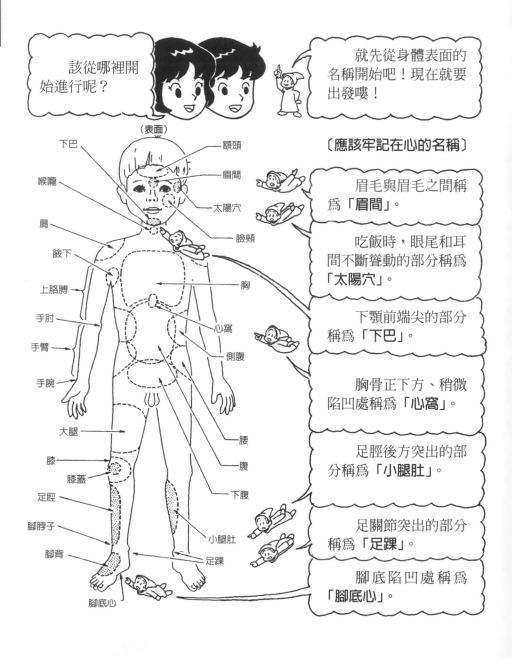

（表面）

下巴　額頭　眉間　太陽穴　臉頰　喉嚨　肩　腋下　上胳膊　手肘　手臂　手腕　胸　心窩　側腹　腰　腹　下腹　大腿　膝　膝蓋　足脛　腳脖子　腳背　小腿肚　足踝　腳底心

〔應該牢記在心的名稱〕

眉毛與眉毛之間稱為「眉間」。

吃飯時，眼尾和耳間不斷聳動的部分稱為「太陽穴」。

下顎前端尖的部分稱為「下巴」。

胸骨正下方、稍微陷凹處稱為「心窩」。

足脛後方突出的部分稱為「小腿肚」。

足關節突出的部分稱為「足踝」。

腳底陷凹處稱為「腳底心」。

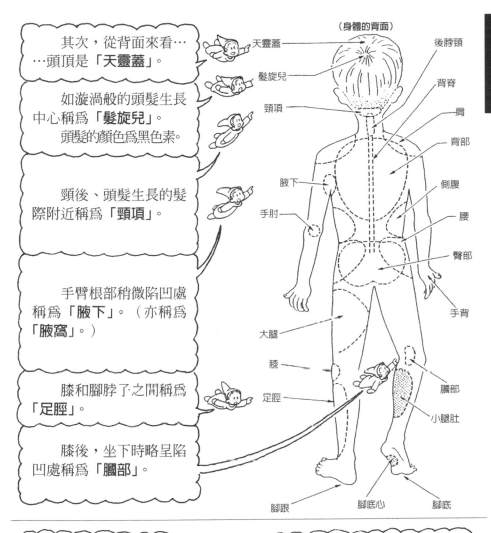

其次，從背面來看……頭頂是「**天靈蓋**」。

如漩渦般的頭髮生長中心稱為「**髮旋兒**」。頭髮的顏色為黑色素。

頸後、頭髮生長的髮際附近稱為「**頸項**」。

手臂根部稍微陷凹處稱為「**腋下**」。（亦稱為「腋窩」。）

膝和腳脖子之間稱為「**足脛**」。

膝後，坐下時略呈陷凹處稱為「**膕部**」。

（身體的背面）

天靈蓋　髮旋兒　頸項　腋下　手肘　大腿　膝　足脛　腳跟

後脖頸　背脊　肩　背部　側腹　腰　臀部　手背　膕部　小腿肚　腳底心　腳底

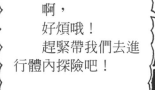

啊，好煩哦！趕緊帶我們去進行體內探險吧！

別急，別急！不好好記住身體的名稱，可會妨礙以後的行程哦！暫時忍耐一下，再往下一頁看下吧！

好吧！那麼請帶我們繼續去探險吧！

嗯！那麼接下來就去探討臉部的名稱吧！請看下圖。

【臉和眼睛部分的名稱】

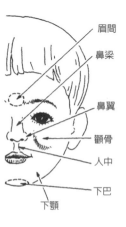

眉間
鼻梁
鼻翼
顴骨
人中
下巴
下顎

筆直通過鼻子的線稱為「**鼻梁**」。

鼻子外側圓而鼓的部分稱為「**鼻翼**」。

臉頰突起的部分稱為「**顴骨**」。

從鼻下到上唇之間的陷凹處稱為「**人中**」。

眼睛接近鼻子的部分稱為「**眼頭**」。
（這兒就是眼淚積存之處。）

長在眼瞼邊緣的毛稱為「**睫毛**」。

眼睛的外端稱為「眼角」。

眼睛中央黑色的部分稱為「**瞳孔**」。
白色部分稱為「**白眼球**」。

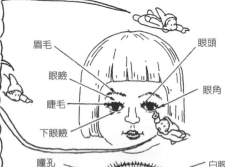

眉毛
眼瞼
睫毛
下眼瞼
眼頭
眼角

瞳孔
（黑眼球）
白眼球
瞳孔

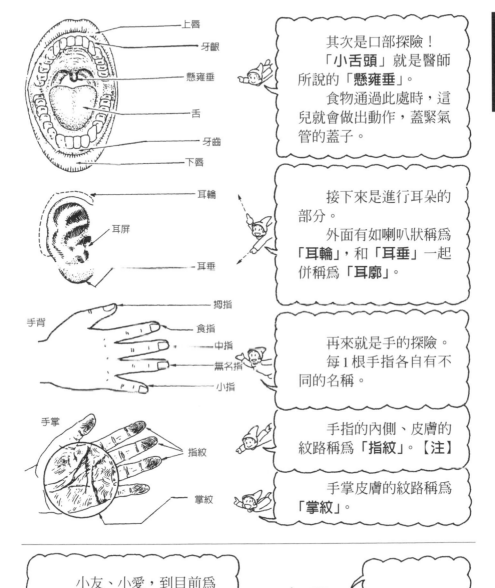

上唇

牙齦

懸雍垂

舌

牙齒

下唇

其次是口部探險！
「小舌頭」就是醫師所說的「懸雍垂」。
食物通過此處時，這兒就會做出動作，蓋緊氣管的蓋子。

耳輪

耳屏

耳垂

接下來是進行耳朵的部分。
外面有如喇叭狀稱為**「耳輪」**，和**「耳垂」**一起併稱為**「耳廓」**。

拇指

食指

中指

無名指

小指

手背

再來就是手的探險。
每1根手指各自有不同的名稱。

手掌

指紋

掌紋

手指的內側、皮膚的紋路稱為**「指紋」**。【注】

手掌皮膚的紋路稱為**「掌紋」**。

小友、小愛，到目前為止你們都表現得很好。
現在就要進入身體內部探險嘍！請看下一頁吧！

哇！
太棒了。
趕快進去吧！

【注】可分為馬蹄狀、螺旋狀與弓狀。

肌肉的構成

看吧！
一剝開身體表面的皮膚，就可以看到肌肉。介紹其中的一部分吧！

哇！真恐怖，體內竟然有這麼多的肌肉。

【表層主要的肌肉】

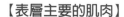

說明主要的肌肉……

將手臂朝外側上抬的是「三角肌」。

彎曲手臂時快變成小老鼠的是「肱二頭肌」。

手臂朝內側拉的是「胸大肌」。

將球往上踢的是「股四頭肌」。

反轉腳背的是「伸趾長肌」。

【內層主要的肌肉】

翻開表層的肌肉……

挺胸時所使用的肌肉是「胸小肌」。

腹部用力時使用的是「腹直肌」。

大腿朝側面上抬時使用的是「臀中肌」。

讓腳背後仰的是「伸拇長肌」。

次頁要介紹背部的肌肉哦！

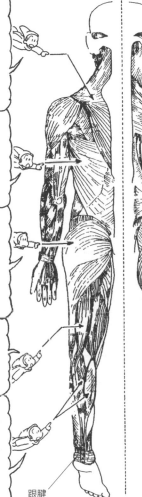

肩膀上抬、挺直背脊時使用的是「斜方肌」。【注】

挺直背脊、手臂朝內側轉時使用的是「脊闊肌」。

大腿後抬或讓上抬的大腿放下的是「臀大肌」。

彎曲膝蓋的是「股二頭肌」。

將與跟腱相連的腳跟上抬，放下的是「腓腸肌」。

跟腱

翻開表側的肌肉……

手臂朝外側轉時是使用「棘下肌」。

腹部用力，提高腹壓時是使用「腹外斜肌」。

讓大腿朝側面上抬或朝內側轉的是「臀中肌」。

朝側面上抬的大腿朝內側放下時是使用「收大肌」。

使腳趾伸展的是「伸趾長肌」。

哇！光是肌肉構造的探險，就讓人累得喘不過氣來了。

好吧！那麼就通過內臟和其他的部分到身體內部去探險吧！

【注】肩膀酸痛指的就是這個肌肉。

骨骼的構成

小友、小愛，很多的骨頭各自具有不同的目的，組合起來成為骨骼。

原來如此！到底有哪些骨頭呢？

現在就讓我來為你們介紹主要的骨頭名稱吧！

保護腦漿的是「顱骨」。

在胸部保護內臟的是「肋骨」。

肋骨整個圍成一圈形成「胸骨」。

使背脊挺直的是「背骨」。

在上胳膊的是「肱骨」。

在腸的部分支撐上身重量的是「骨盆」。

在大腿部的稱為「股骨」。

俗稱膝蓋的是「髕骨」。

【比喻】

如果用房屋做比喻，則骨骼就如同柱子。

關節的構成

骨頭是房屋(身體)內的柱子,但就好像是挖土機一般,需要利用接縫才能夠自由活動。

接縫

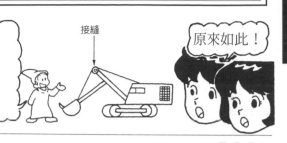

原來如此!

例外的是「頭關節」,因為是由薄薄的骨的纖維物質糾纏在一起而形成的,故完全無法活動。

頸部和背骨的關節夾著軟骨,只能夠輕輕的活動。

這個「肩關節」就好像筆的軸承一樣,可朝任何方向自由的活動。

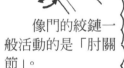

像門的絞鏈一般活動的是「肘關節」。

「指關節」也像絞鏈一般的活動。

雖然「股關節」不如肩關節那般的能夠活動自如,但是也能夠朝多方向自由的活動。

「膝關節」像絞鏈一般的活動,但是也可以利用腳尖進行畫圓的動作。

「腳脖子關節」也能夠隨意的旋轉、屈伸。

內臟的概要

已經一口氣跑到身體中心的骨頭去探險了……
但是，還是得回頭看看肌肉與骨頭之間……
瞧！這兒有內臟哦！

咦，真令人驚訝！有哪些內臟呢？

好！那麼就來介紹主要的內臟吧！

在胸部的是「肺」。

比身體中心略偏左方的是「心臟」。

在心窩處的是「肝臟」與胃。

佈滿整個下腹的是「小腸」。

與小腸相連的是「大腸」，一直連到肛門為止。

▶從前面看的內臟

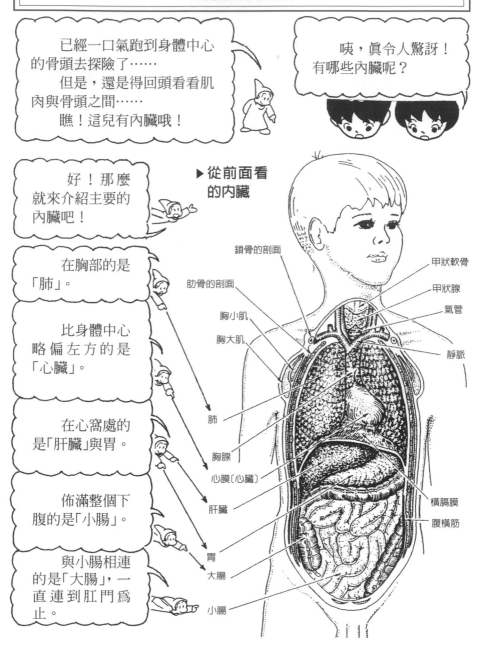

鎖骨的剖面
肋骨的剖面
胸小肌
胸大肌
肺
胸腺
心膜〔心臟〕
肝臟
胃
大腸
小腸

甲狀軟骨
甲狀腺
氣管
靜脈
橫膈膜
腹橫筋

▶ 內部的
內臟

耳下腺
舌下腺
甲狀軟骨
甲狀腺
上腔靜脈
主動脈
支氣管
食道
橫膈膜
脾臟
副腎
腎臟
輸尿管
直腸
膀胱

肺動脈
與肺靜脈
貪道幽門部
胰臟
十二指腸
腹主動脈
下腔靜脈

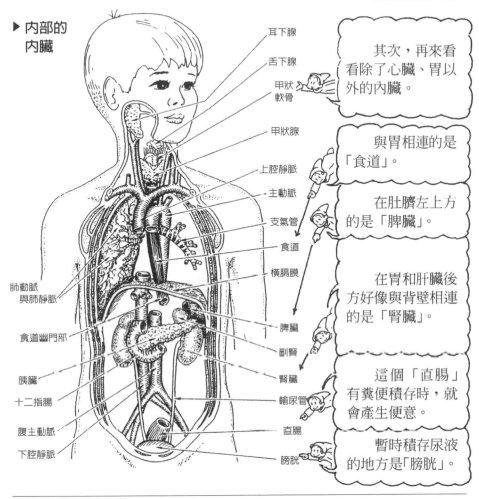

其次，再來看看除了心臟、胃以外的內臟。

與胃相連的是「食道」。

在肚臍左上方的是「脾臟」。

在胃和肝臟後方好像與背壁相連的是「腎臟」。

這個「直腸」有糞便積存時，就會產生便意。

暫時積存尿液的地方是「膀胱」。

哦！原來如此。但是……
像我這樣的男孩和像小愛這樣的女孩，每個人體內的內臟都是相同的嗎？

嗯，你觀察得很仔細嘛！答案請看次頁。

男性與女性的差異

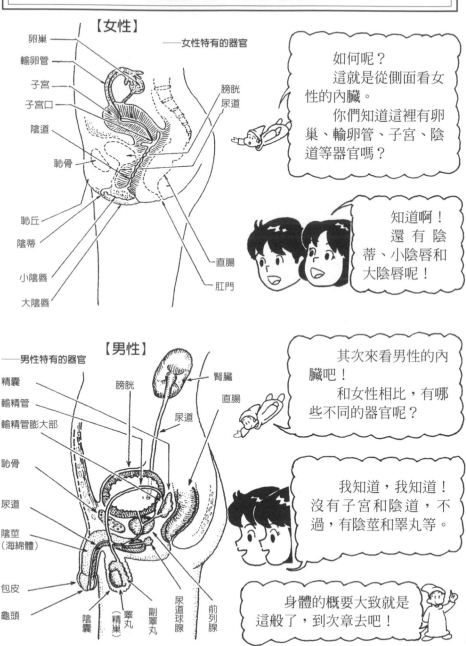

【女性】

卵巢
輸卵管
子宮
子宮口
陰道
恥骨
恥丘
陰蒂
小陰唇
大陰唇

——女性特有的器官

膀胱
尿道
直腸
肛門

如何呢？
這就是從側面看女性的內臟。
你們知道這裡有卵巢、輸卵管、子宮、陰道等器官嗎？

知道啊！
還有陰蒂、小陰唇和大陰唇呢！

【男性】

——男性特有的器官

精囊
輸精管
輸精管膨大部
恥骨
尿道
陰莖（海綿體）
包皮
龜頭

膀胱
腎臟
直腸
尿道

陰囊
（精巢）睪丸
副睪丸
尿道球腺
前列腺

其次來看男性的內臟吧！
和女性相比，有哪些不同的器官呢？

我知道，我知道！
沒有子宮和陰道，不過，有陰莖和睪丸等。

身體的概要大致就是這般了，到次章去吧！

第2章
肌肉與骨頭的探險

肌肉之間要
互助合作哦！

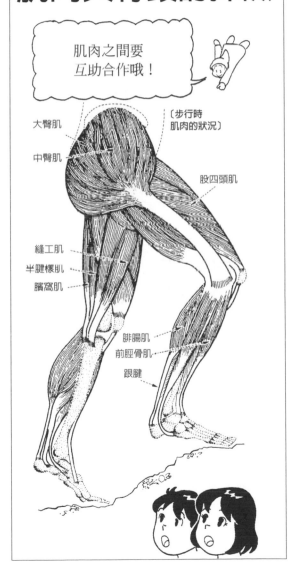

〔步行時肌肉的狀況〕

大臀肌

中臀肌

股四頭肌

縫工肌

半腱樣肌

膕窩肌

腓腸肌

前脛骨肌

跟腱

各種骨骼肌

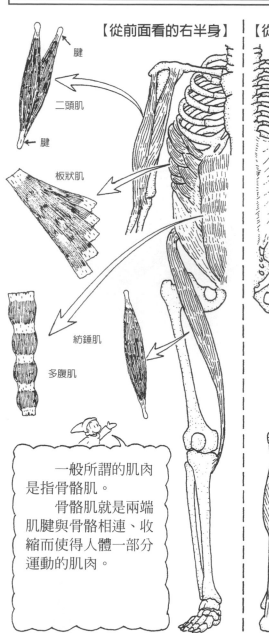

【從前面看的右半身】　　【從後面看的右半身】

腱

二頭肌

腱

板狀肌

紡錘肌

多腹肌

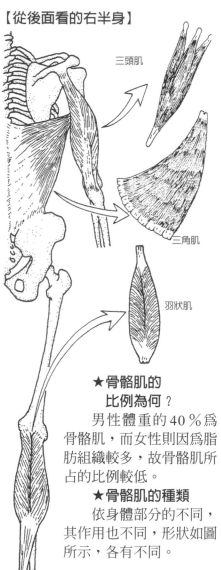

三頭肌

三角肌

羽狀肌

　　　一般所謂的肌肉
是指骨骼肌。
　　　骨骼肌就是兩端
肌腱與骨骼相連、收
縮而使得人體一部分
運動的肌肉。

★骨骼肌的
　比例為何？
　　男性體重的40％為
骨骼肌，而女性則因為脂
肪組織較多，故骨骼肌所
占的比例較低。
　★骨骼肌的種類
　　依身體部分的不同，
其作用也不同，形狀如圖
所示，各有不同。

肌腱的構造

在肌肉兩端與骨相連的部分稱為腱。說明如下。

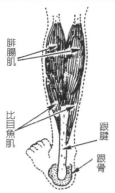

腓腸肌

比目魚肌

跟腱

跟骨

★腱的形狀

腱有細如棒子的形狀，也有如薄膜般的形狀。

最有名的是在腳脖子後方的「跟腱」，是全身中最強韌、最厚的腱，而在小腿肚的肌肉（腓腸肌和比目魚肌）的下側附著於跟骨（腳跟骨）。

★肌腱附著於骨的哪一個部分？

肌腱幾乎都是越過關節附著於前面的骨。

右圖是肱二頭肌，是產生拳頭力量的肌肉，清楚顯示出腱附著於骨的方式。（其他還有很多的肌肉，因此事實上有很多的肌腱通過關節處。）

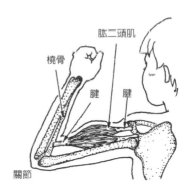

肱二頭肌

橈骨

腱　腱

關節

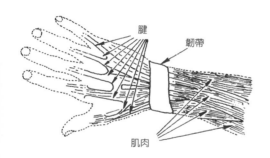

腱

韌帶

肌肉

★肌腱合起來成為帶

在手腕和腳脖子，為了使手指和腳趾能夠順暢自如的活動，因此佈滿了肌腱、血管與神經。

這些腱集合成井然有序的帶，即為韌帶。

肌肉能夠運動的構造

★形成一對的骨骼肌

骨骼肌幾乎都是在骨的表側和裡側，合計為一對，相連。

以上胳膊的肌肉為例來說明。

上胳膊有肱二頭肌和肱三頭肌兩種肌肉，好像夾著骨似的於表側和裡側相連。

★運動的構造

活動手臂或腳時，該側的肌肉會收縮。

像這樣，一對的肌肉單側收縮，另外一側放鬆，如此就能夠使得身體各部分運動。

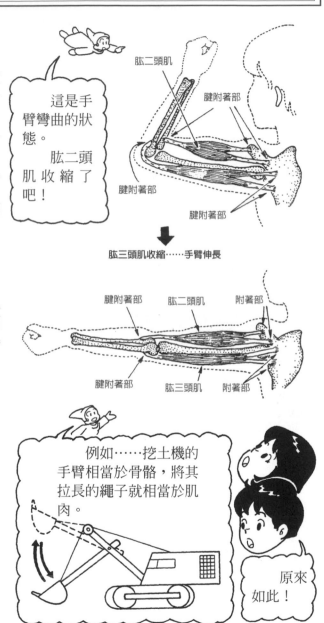

這是手臂彎曲的狀態。

肱二頭肌收縮了吧！

肱二頭肌

腱附著部

腱附著部

腱附著部

肱三頭肌收縮……手臂伸長

腱附著部　肱二頭肌　附著部

腱附著部　　肱三頭肌　附著部

例如……挖土機的手臂相當於骨骼，將其拉長的繩子就相當於肌肉。

原來如此！

用顯微鏡來看放大的骨骼肌，會發現有很多的肌肉細胞。

肌肉收縮時，這些細胞會發揮何種作用呢？以下即針對這點加以說明。

❶伸直手臂時，骨的表側的肱二頭肌會如圖一般的放鬆。

❷將這個肌肉的一部分放大來看，會看到肌肉的筋。

❸再放大來看，可以看到每1根筋都是肌肉細胞束。

❹將肌肉細胞放大來看，則如右圖所示，是由蛋白質所構成的，有黑筋與白筋兩種筋。

這個筋稱為肌肉纖維（或稱為肌肉原纖維）。

肌肉細胞如網眼般遍佈著神經。

❺如果這時人腦發出「用力收縮肌肉」的指令……

這時指令會透過神經傳達到所有的細胞。而接受指令的黑筋與白筋兩種肌肉纖維之間就會產生化學變化，互相重疊……

❻肌肉收縮，手臂彎曲，形成一大塊肌肉（小老鼠）。

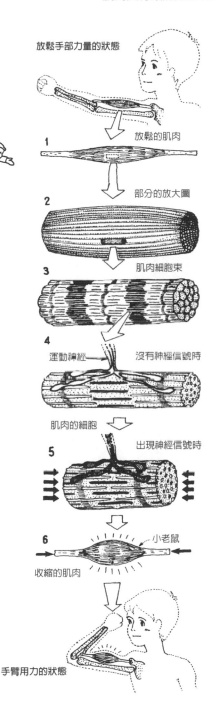

放鬆手部力量的狀態

1 放鬆的肌肉

2 部分的放大圖

3 肌肉細胞束

4 運動神經　沒有神經信號時

肌肉的細胞

5 出現神經信號時

6 小老鼠

收縮的肌肉

手臂用力的狀態

❷ 肌肉與骨頭的探險

肌肉的種類

先前已經說明了骨骼肌……
事實上，還有心肌及平滑肌，在此說明一下。

②肌肉與骨頭的探險

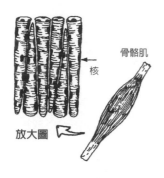

核

骨骼肌

放大圖

★**可以靠自己的意志活動的肌肉**

●**骨骼肌**……活動四肢或移動身體時所使用的肌肉。

接受來自於腦的指令，接受運動神經的命令而活動骨骼。

此外，肌肉的筋（稱為肌肉纖維）中有橫紋，因此又稱為橫紋肌。

★**與意志無關而活動的肌肉**

●**心肌**……只有心臟才有這個肌肉，形成心臟壁。

心肌是接受自律神經這種與自己的意志無關，會發揮作用的神經的命令而活動。

因此，不論是睡眠中或清醒時都會不眠不休的活動。

●**平滑肌**……肌肉纖維中沒有橫紋即為其特徵。

像胃、腸等的內臟，以及血管壁都是由平滑肌所構成的，因此又稱為內臟肌。

與心肌相同，接受自律神經功能的命令，在必要時也會日以繼夜的活動。

心肌

放大圖

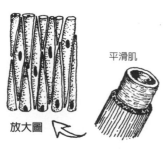

平滑肌

放大圖

前面已經介紹了平滑肌，這個肌肉會緩慢不斷的移動，不會疲累，請看下面。

氣管的後側 軟骨 韌帶 平滑肌	呼吸器官的氣管因爲有軟骨，所以不會陷凹，能夠保持其寬度。 　　但是在氣管後側的平滑肌，因爲氣喘發作等而強烈收縮時，也會造成呼吸困難。
食道 賁門 胃	食道的平滑肌，會將食物朝胃的方向進行蠕動運動，而將食物送到胃。 　　這時，一旦送來異物或毒物時，自律神經會使胃的平滑肌朝反方向推出（嘔吐）。
小腸	小腸壁也是由平滑肌所構成的。 　　食物由胃送出時，這些肌肉也會進行蠕動運動，一邊消化，同時往前方送出。
血管	構成血管壁的形狀就是平滑肌。 　　藉由自律神經的作用，這個肌肉會伸展、收縮，改變血管中的寬度，調節血液流量。
輸尿管 膀胱 腎臟 尿道	由腎臟分泌的尿，利用輸尿管平滑肌的伸展、收縮而送達膀胱。 　　膀胱壁也是由平滑肌所構成的。排尿時，這個肌肉會收縮而排出尿液。
輸卵管 子宮 卵巢 陰道	由卵巢送出的卵子，藉著輸卵管平滑肌的伸縮而送達子宮。 　　子宮壁也是由平滑肌所構成的。在產下胎兒時，這個肌肉會伸縮而將胎兒推出。

②肌肉與骨頭的探險

骨的構造

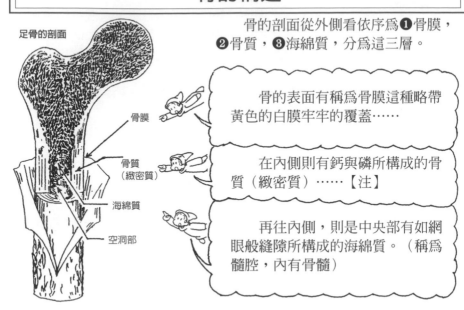

足骨的剖面

骨膜

骨質
（緻密質）

海綿質

空洞部

骨的剖面從外側看依序為❶骨膜，❷骨質，❸海綿質，分為這三層。

骨的表面有稱為骨膜這種略帶黃色的白膜牢牢的覆蓋……

在內側則有鈣與磷所構成的骨質（緻密質）……【注】

再往內側，則是中央部有如網眼般縫隙所構成的海綿質。（稱為髓腔，內有骨髓）

【參考】為什麼斷掉的骨頭能夠接合呢？

健康的人即使骨頭斷裂……

利用骨中血管所運送的營養……

在斷裂處會分泌出粘液……

填補縫隙，又能夠復原了。

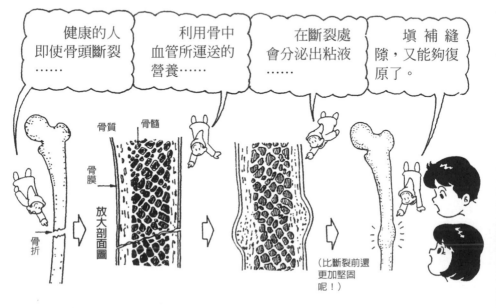

骨質　骨髓

骨膜

放大剖面圖

骨折

（比斷裂前還更加堅固呢！）

【注】長骨有營養管分布。

關　節

　　嚴格的說，關節是指骨頭與骨頭的接縫。

　　因此，有像顱骨關節般僵硬而完全不動的關節；但是也有如背骨關節一般能夠輕度活動的關節。

　　此外，也有像手臂或足關節等能夠活動自如的關節。

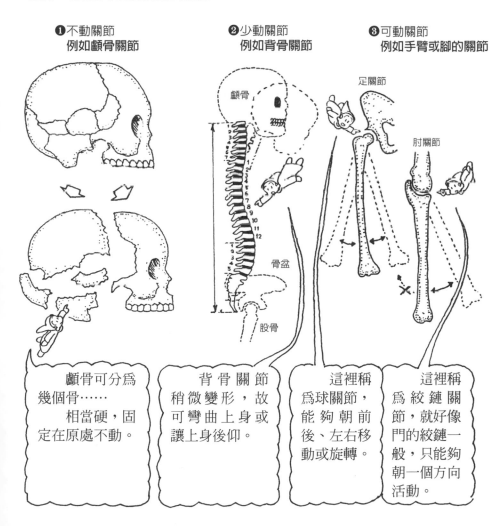

❶不動關節
例如顱骨關節

❷少動關節
例如背骨關節

❸可動關節
例如手臂或腳的關節

足關節

顱骨

肘關節

骨盆

股骨

　　顱骨可分為幾個骨……
　　相當硬，固定在原處不動。

　　背骨關節稍微變形，故可彎曲上身或讓上身後仰。

　　這裡稱為球關節，能夠朝前後、左右移動或旋轉。

　　這裡稱為絞鏈關節，就好像門的絞鏈一般，只能夠朝一個方向活動。

背骨的構造

背骨又稱為脊柱或脊椎。

背骨的骨是由稱為椎骨的這種扁平骨所構成的。

椎骨共26個，依序分為5大部分。

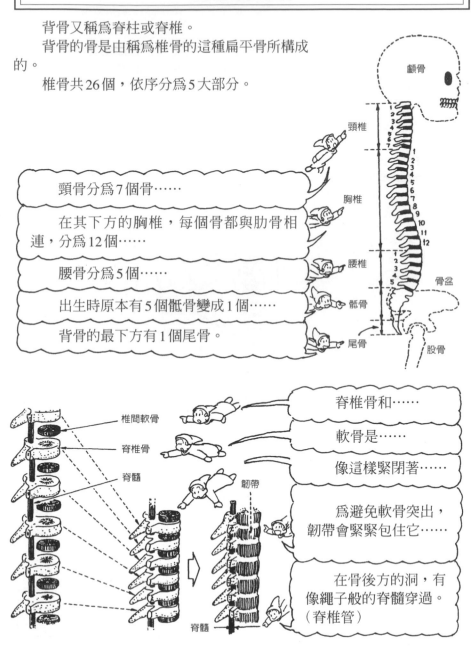

顱骨

頸椎

胸椎

腰椎

骨盆

骶骨

尾骨

股骨

頸骨分為7個骨……

在其下方的胸椎，每個骨都與肋骨相連，分為12個……

腰骨分為5個……

出生時原本有5個骶骨變成1個……

背骨的最下方有1個尾骨。

椎間軟骨

脊椎骨

脊髓

韌帶

脊髓

脊椎骨和……

軟骨是……

像這樣緊閉著……

為避免軟骨突出，韌帶會緊緊包住它……

在骨後方的洞，有像繩子般的脊髓穿過。（脊椎管）

四肢骨的構造

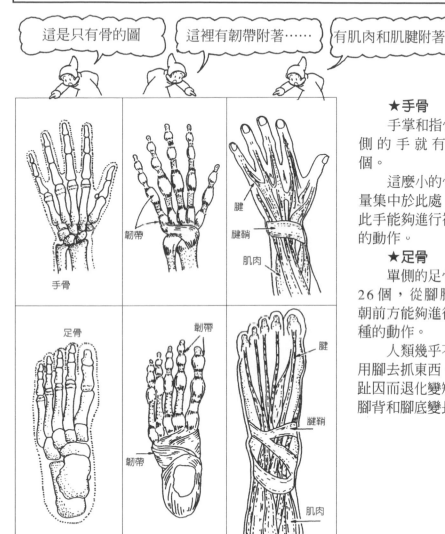

這是只有骨的圖

這裡有韌帶附著……

有肌肉和肌腱附著。

★手骨
手掌和指骨單側的手就有27個。

這麼小的骨大量集中於此處，因此手能夠進行複雜的動作。

★足骨
單側的足骨有26個，從腳脖子朝前方能夠進行各種的動作。

人類幾乎不會用腳去抓東西，腳趾因而退化變短，腳背和腳底變長。

骨與骨之間牢牢的裹著韌帶……

每一個骨都有肌腱附著，這些腱結合成為腱鞘。

軟骨的作用

如果骨與骨之間的接縫像石頭般僵硬的話，骨頭立刻就會滑脫了。所以必須要以比普通硬骨更軟的骨，亦即軟骨來當成接縫。

❶關節的軟骨……幾乎所有的關節在骨與骨的接縫處都有軟骨，表面平滑。

如此一來，即使活動關節，也不會損傷骨及其周圍的組織，能夠順暢的活動。

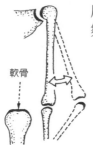

軟骨

❷肋骨的軟骨……呼吸時，肋骨會上升、下降，肺會膨脹、收縮，肺中的空氣因而得以進進出出。（胸式呼吸。詳情請見97頁。）

軟骨能夠促使肋骨的動作更為順暢。

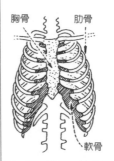

胸骨　　肋骨

軟骨

❸背骨的軟骨……背骨（脊椎）是由硬的椎骨和軟的脊椎骨交互相連而形成的。

軟骨具有緩衝作用，能夠緩和加諸於背骨的撞擊。

因為稍微變形，故可使腰的位置保持原狀，上身能夠朝前後、左右而移動。

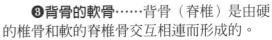

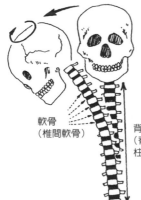

軟骨
（椎間軟骨）

背骨
（脊椎或脊柱）

第3章
消化器官的探險

終於要到消化器官探險了。食物由上往下依序經過口腔、咽頭、食道、胃、十二指腸、小腸、大腸、直腸送到肛門，而被消化掉。

那麼，趕緊翻到下一頁吧！

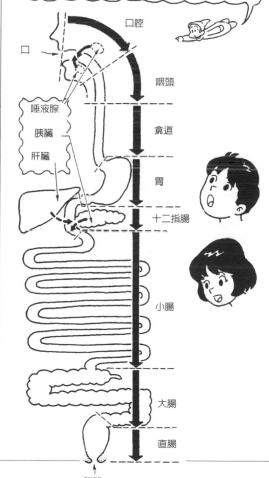

口腔

口

咽頭

唾液腺

胰臟

肝臟

食道

胃

十二指腸

小腸

大腸

直腸

肛門

食物之旅❶（從口腔到胃）

食物之旅，首先從口中開始。

經由口中的牙齒與唾液等多種作用，將食物變成容易消化的柔軟狀態之後即送到喉嚨。

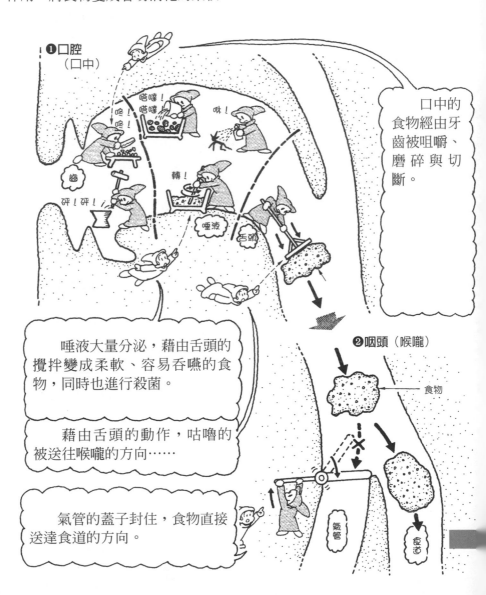

❶口腔（口中）

口中的食物經由牙齒被咀嚼、磨碎與切斷。

唾液大量分泌，藉由舌頭的攪拌變成柔軟、容易吞嚥的食物，同時也進行殺菌。

藉由舌頭的動作，咕嚕的被送往喉嚨的方向……

氣管的蓋子封住，食物直接送達食道的方向。

❷咽頭（喉嚨）

食物

氣管

食道

通過口腔、咽頭的食物，其次通過食道再送達胃，在此消化。

在口腔被磨碎的食物，通過食道被送達胃的方向……

❸食道

然後，平常緊閉的賁門會打開，食物進入胃中……

澆淋胃液，不斷的轉動，變成粥狀，而且成為酸性。

貯存在胃內一陣子之後，經由打開的幽門一點一點的送達十二指腸。

❹胃

潑水

轉動

攪拌

十二指腸

食物之旅❷（從十二指腸到肛門）

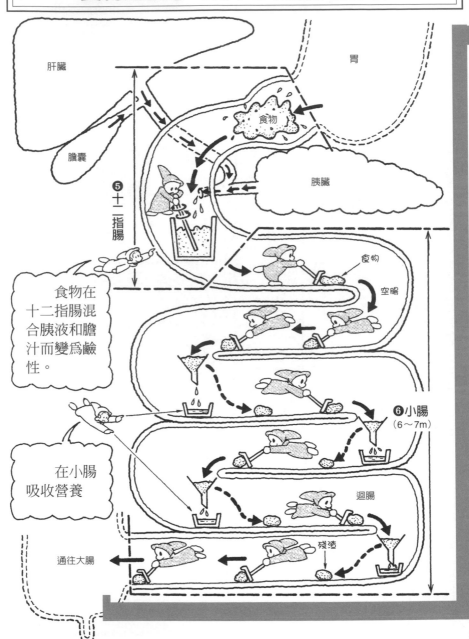

肝臟

胃

膽囊

胰臟

❺十二指腸

食物

食物在十二指腸混合胰液和膽汁而變為鹼性。

空腸

❻小腸
（6～7m）

在小腸吸收營養

迴腸

殘渣

通往大腸

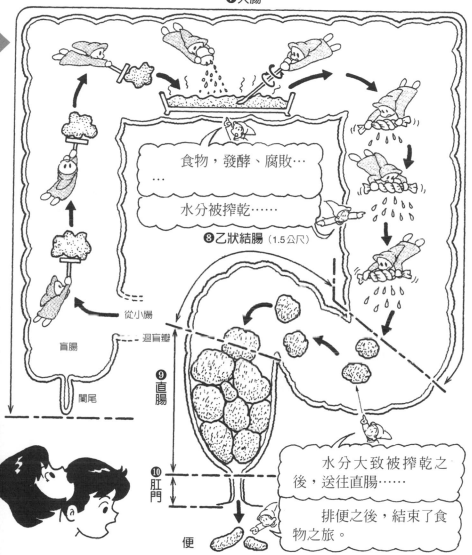

❼大腸

食物，發酵、腐敗……

……

水分被搾乾……

❽乙狀結腸（1.5公尺）

從小腸

盲腸

迴盲瓣

闌尾

❾直腸

❿肛門

水分大致被搾乾之後，送往直腸……

排便之後，結束了食物之旅。

便

　　從口腔開始的食物之旅，到達肛門之後，變成糞便排出體外，就告結束。

　　如果是大人的話，其間距離相當於7～9公尺的道路。

　　旅行所花費的時間約為30個小時。

嘴唇的作用

吃東西時，首先利用到嘴唇。

嘴唇具有各種作用，主要有如下的5大作用。

冷卻……嘟起嘴唇的前端吹氣，可使熱的食物盡快冷卻。

吸吮……吃麵或喝湯時，嘟起嘴唇的前端，將食物吸入口內。

夾住……經由上下嘴唇夾住食物後，再送入口中。

成為蓋子……閉攏嘴唇，則進入口中的食物就不會漏出。

打掃……附著在嘴唇上的食物殘渣等，也可以被送入口中。

牙齒的作用

食物通過嘴唇進入口中，首先由牙齒磨碎。

這時，如果不充分咀嚼，則食物無法完全被消化。

❶前齒（犬齒·門齒）的作用

前齒能夠像剪刀一樣，將食物剪斷。

❷臼齒的作用

接著，由臼齒咀嚼、磨碎食物。

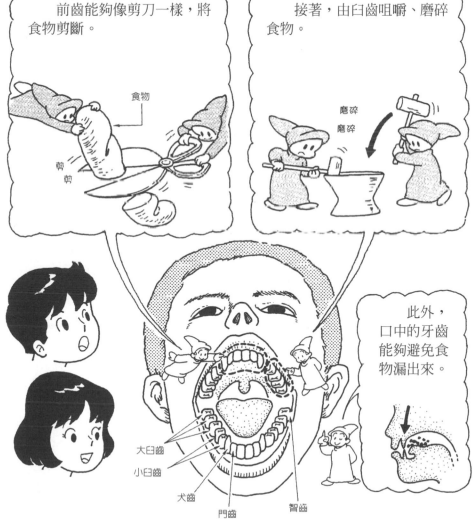

食物

剪剪

磨碎
磨碎

此外，口中的牙齒能夠避免食物漏出來。

大臼齒
小臼齒
犬齒
門齒
智齒

舌頭的作用

舌的剖面圖

咀嚼食物時，舌頭具有以下的作用。

❶撈起食物

有撈起食物的作用……

❷混合唾液

與唾液充分混合、攪拌……爲讓牙齒順利咀嚼，故要將食物到處移動……

❸送達通往喉嚨的方向

藉由吞嚥的動作，將食物送達喉嚨……

❹打掃口內

打掃口內，掃除口內的殘渣……

❺正確發音

此外，活動舌頭，就能夠進行正確的發音。

另一項重要的作用，在下一頁有詳細的說明。

❸
消化器官的探險

食物有各種不同的味道。

例如砂糖等的「甜」、鹽等的「鹹」、醋的「酸」、藥物等的「苦」，這四種味道是基本的味道。經由咀嚼、攪拌成為複雜的味道。

感受到這些味道的感覺稱為味覺。如下圖所述，依舌頭位置的不同，所感覺強烈的味道也不同。

【注】

吃美味的食物時，透過味覺的作用，會產生大量的唾液。

有了大量的唾液之後，食物變得更容易消化了。

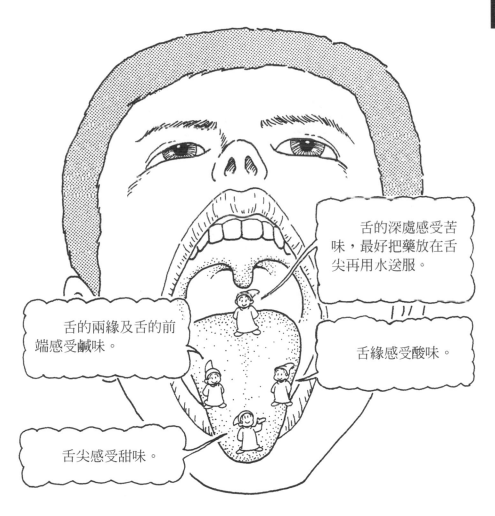

舌的深處感受苦味，最好把藥放在舌尖再用水送服。

舌的兩緣及舌的前端感受鹹味。

舌緣感受酸味。

舌尖感受甜味。

【注】感受味覺的器官稱為「味蕾」，是一種味覺器官。

唾液的作用

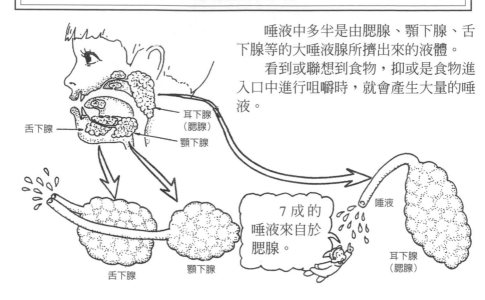

唾液中多半是由腮腺、顎下腺、舌下腺等的大唾液腺所擠出來的液體。

看到或聯想到食物，抑或是食物進入口中進行咀嚼時，就會產生大量的唾液。

舌下腺
耳下腺（腮腺）
顎下腺

7 成的唾液來自於腮腺。

唾液
耳下腺（腮腺）

舌下腺　　顎下腺

①消化作用

為了容易消化而分泌大量的唾液

唾液

②骨骼・牙齒的形成

也會混合骨骼與牙齒的成長荷爾蒙。

唾液

③殺菌作用

喂！不准侵入！

殺菌

④潤滑作用

使得口腔壁充分濕潤。

唾液

⑤清掃作用

齒

清除污垢吧！

⑥吞嚥

使其柔軟以避免卡在途中。

一天約產生1公升的唾液。

因為生病而發燒時，唾液的分泌會減少，口內易有雜菌棲息。

喉嚨的構造

喉嚨具有在吞嚥時避免讓食物到達鼻子或氣管的方向，而會直接送到食道去的作用。

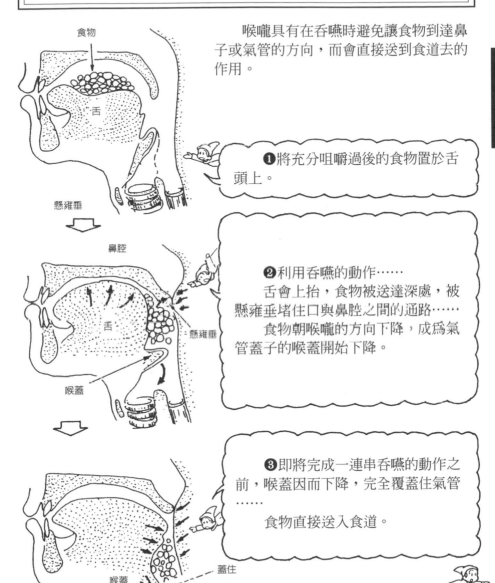

食物

舌

懸雍垂

鼻腔

舌

懸雍垂

喉蓋

喉蓋

氣管

蓋住

食道

❶將充分咀嚼過後的食物置於舌頭上。

❷利用吞嚥的動作……
舌會上抬，食物被送達深處，被懸雍垂堵住口與鼻腔之間的通路……
食物朝喉嚨的方向下降，成為氣管蓋子的喉蓋開始下降。

❸即將完成一連串吞嚥的動作之前，喉蓋因而下降，完全覆蓋住氣管……
食物直接送入食道。

其次，就往食道前去吧！

食道的構造

進入喉嚨的食物被送入食道。

食道是與喉嚨和胃相連的管子，大致上呈筆直形，約為25公分長。下面的盡頭則穿過橫膈膜與胃相連。

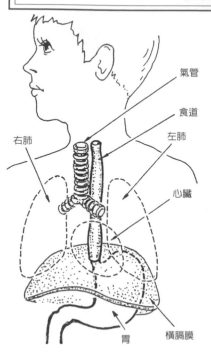

氣管

食道

右肺　　　左肺

心臟

胃　橫膈膜

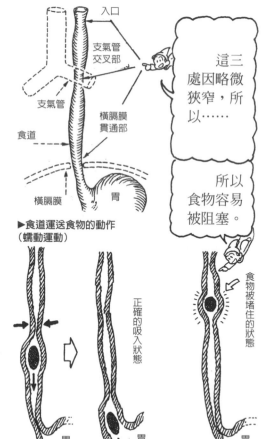

入口

支氣管交叉部

支氣管

橫膈膜貫通部

食道

橫膈膜　　胃

這三處因略微狹窄，所以……

所以食物容易被阻塞。

食物被堵住的狀態

正確的吸入狀態

食物在通過時……

食道肌肉如波浪般配合力量陸續收縮，將食物送往胃的方向。

這一連串的動作稱為蠕動運動。

▶食道運送食物的動作（蠕動運動）

胃　胃　胃　胃

❽ 消化器官的探險

引起胃灼熱或打嗝的構造

食道與胃的交界處，有賁門這道關卡的器官，當吞嚥食物時會打開關卡，食物通過之後又會緊閉，以避免胃內的食物逆流。

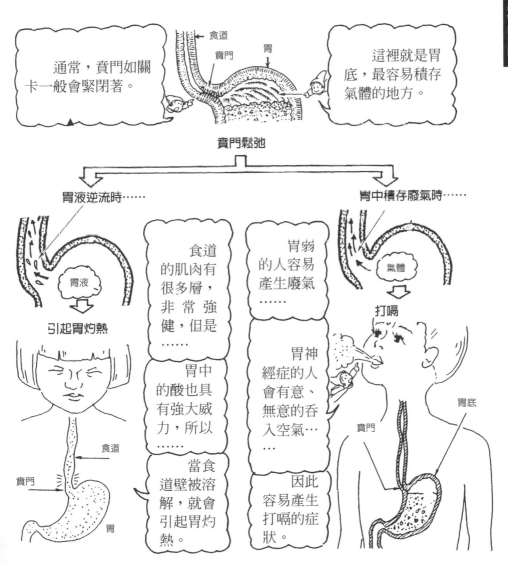

通常，賁門如關卡一般會緊閉著。

食道
賁門
胃

這裡就是胃底，最容易積存氣體的地方。

賁門鬆弛

胃液逆流時⋯⋯

胃中積存廢氣時⋯⋯

胃液

氣體

引起胃灼熱

打嗝

食道

賁門

胃

食道的肌肉有很多層，非常強健，但是⋯⋯

胃中的酸也具有強大威力，所以⋯⋯

當食道壁被溶解，就會引起胃灼熱。

胃弱的人容易產生廢氣⋯⋯

胃神經症的人會有意、無意的吞入空氣⋯⋯

因此容易產生打嗝的症狀。

胃底

賁門

胃部構造的探險

當食物通過食道後，再被送入胃中。

一般成人的胃，具有1.4公升容積的袋狀器官。

因其功能的不同，大致分為如下圖四個部分。

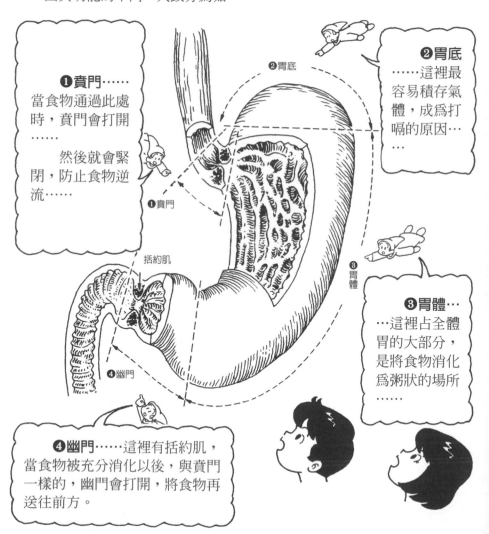

②胃底

❶賁門……
當食物通過此處時，賁門會打開……

然後就會緊閉，防止食物逆流……

❶賁門

括約肌

❷胃底
……這裡最容易積存氣體，成為打嗝的原因……

❸胃體

❸胃體…
…這裡占全體胃的大部分，是將食物消化為粥狀的場所……

④幽門

❹幽門……這裡有括約肌，當食物被充分消化以後，與賁門一樣的，幽門會打開，將食物再送往前方。

胃壁肌肉的構造

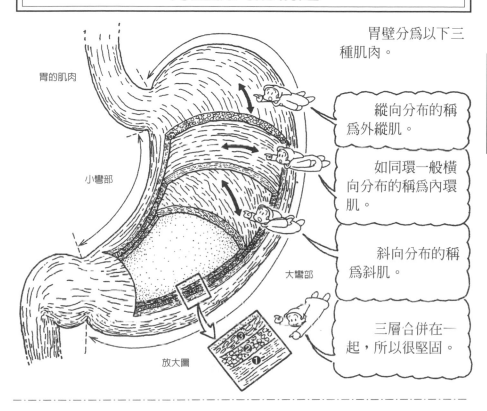

胃壁分為以下三種肌肉。

胃的肌肉

縱向分布的稱為外縱肌。

如同環一般橫向分布的稱為內環肌。

小彎部

斜向分布的稱為斜肌。

大彎部

三層合併在一起，所以很堅固。

放大圖

★胃的機械消化

如上所述，經由外縱肌、內環肌、斜肌三種肌肉的伸縮，使得胃能夠進行縱、橫、斜向各種複雜的運動。

進入胃中的食物，與胃液充分混合，被消化成粥狀。

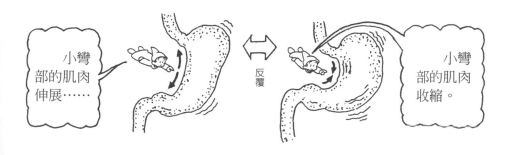

小彎部的肌肉伸展⋯⋯

反覆

小彎部的肌肉收縮。

③ 消化器官的探險

胃壁的構造與作用的探險

如泉水湧出一般，湧出分泌液的地方稱為腺，胃中有溶解消化食物、產生消化液的胃腺，以及產生粘液的粘液腺……

❶賁門有粘液腺，為了避免胃液溶化胃，因此產生粘液保護胃壁……

❶賁門

❷胃體

胃底部

賁門腺

❷胃底・胃體，有胃腺，能產生消化液，會將食物消化為粥狀……

❸幽門

胃腺

❸幽門與賁門同樣具有粘液腺，能產生粘液保護胃壁。【注】

幽門腺

胃具有這些分泌腺，一般大人一天約分泌2～3公升的胃液。

其次，再說一下分泌胃液的構造。讓我們再向次頁出發吧！

【注】也會分泌一種胃分泌素荷爾蒙。

產生胃液的構造的探險❶ 荷爾蒙的作用

食物……
❶掉入胃底之後，胃的幽門會發出胃分泌荷爾蒙的信號，進入血管……

幽門
❶胃
胃分泌素的流程
❷肝臟

❷通過肝臟，❸心臟→❹肺的管道，然後再次回到心臟……

❸心臟

❺由心臟進入主動脈，不斷前進……

❹肺　❺主動脈

❻然後再回到胃，將整個信號（荷爾蒙）傳達到胃……
就好像淋浴一般，胃液開始分泌，同時開始消化食物。【注】

❻（再度）

胃液

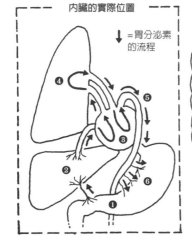

內臟的實際位置

↓ ＝胃分泌素的流程

也就是食物進入胃時，由荷爾蒙發出「產生胃液」的信號，然後開始分泌胃液，構造相當精巧哦！

在神經的作用處也會出現胃液，到次頁再說明吧！

【注】鹽酸或胃蛋白酶也會展現活動，同時，為保護胃壁免於鹽酸的傷害，粘液細胞也會展現活動。藉由前列腺素的作用，製造出粘液的防護罩。

產生胃液的構造的探險❷神經的作用

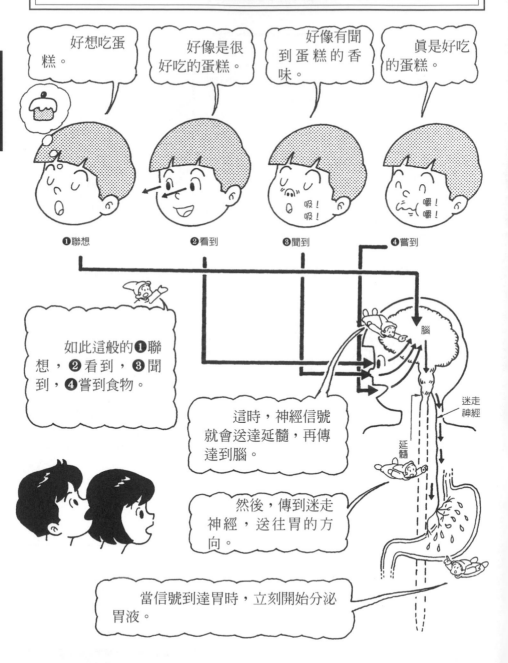

好想吃蛋糕。

好像是很好吃的蛋糕。

好像有聞到蛋糕的香味。

真是好吃的蛋糕。

吸！吸！

嚼！嚼！

❶聯想　❷看到　❸聞到　❹嘗到

腦

迷走神經

延髓

如此這般的❶聯想，❷看到，❸聞到，❹嘗到食物。

這時，神經信號就會送達延髓，再傳達到腦。

然後，傳到迷走神經，送往胃的方向。

當信號到達胃時，立刻開始分泌胃液。

十二指腸的探險

　　胃內成為粥狀的柔軟食物再被送到十二指腸內。

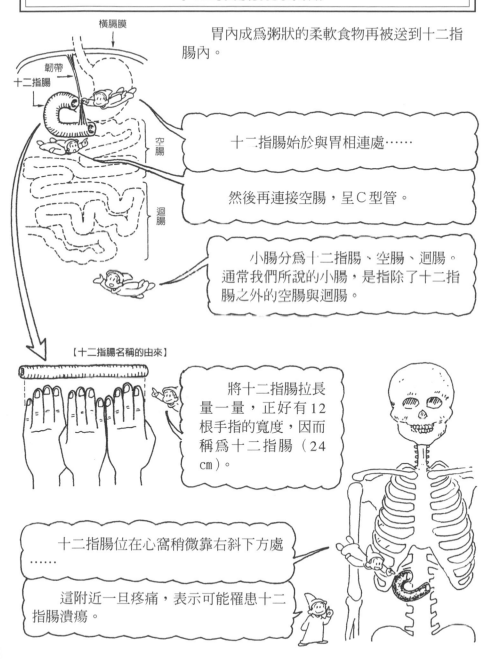

橫膈膜

韌帶

十二指腸

空腸

迴腸

十二指腸始於與胃相連處……

然後再連接空腸，呈C型管。

小腸分為十二指腸、空腸、迴腸。通常我們所說的小腸，是指除了十二指腸之外的空腸與迴腸。

【十二指腸名稱的由來】

　　將十二指腸拉長量一量，正好有12根手指的寬度，因而稱為十二指腸（24 cm）。

　　十二指腸位在心窩稍微靠右斜下方處……

　　這附近一旦疼痛，表示可能罹患十二指腸潰瘍。

十二指腸的作用的探險

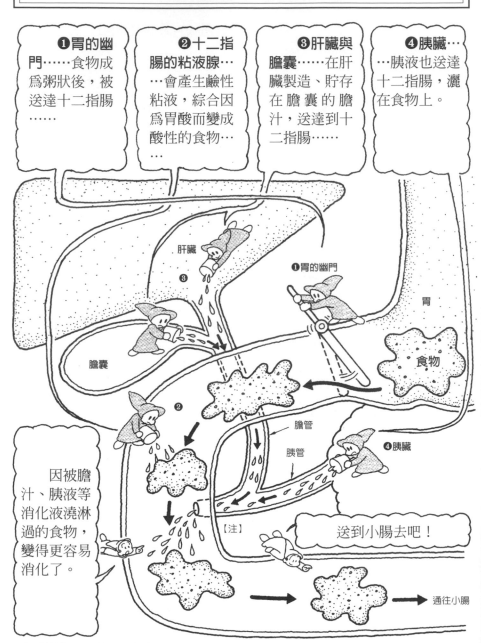

❶胃的幽門……食物成為粥狀後，被送達十二指腸……

❷十二指腸的粘液腺……會產生鹼性粘液，綜合因為胃酸而變成酸性的食物……

❸肝臟與膽囊……在肝臟製造、貯存在膽囊的膽汁，送達到十二指腸……

❹胰臟……胰液也送達十二指腸，灑在食物上。

肝臟

❸

膽囊

❶胃的幽門

胃

食物

❷

膽管

胰管

❹胰臟

因被膽汁、胰液等消化液澆淋過的食物，變得更容易消化了。

【注】

送到小腸去吧！

通往小腸

【注】膽管與胰管朝向十二指腸的開口處有法特氏乳頭（十二指腸乳頭）。

形成十二指腸潰瘍的原因

★健康的十二指腸具有什麼作用？

被送達十二指腸的食物，因為有胃液，故具極強的酸性。

但是健康的人十二指腸會分泌鹼性粘液，因此可以中和酸性。（參照前頁）

★積存壓力時

但是這種優良的調節系統會因為焦躁或壓力積存時而變得紊亂，受到酸性較強食物的刺激，腸壁溶化而形成潰瘍。

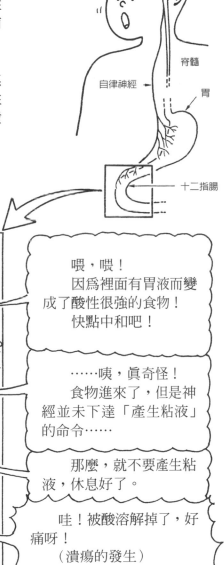

▶焦躁時十二指腸的狀況

喂，喂！
因為裡面有胃液而變成了酸性很強的食物！
快點中和吧！

……咦，真奇怪！
食物進來了，但是神經並未下達「產生粘液」的命令……

那麼，就不要產生粘液，休息好了。

哇！被酸溶解掉了，好痛呀！
（潰瘍的發生）

【參考】此外，胃潰瘍的原因之一據說與皮洛里菌有關。

小腸構造的探險

【小腸的構造】

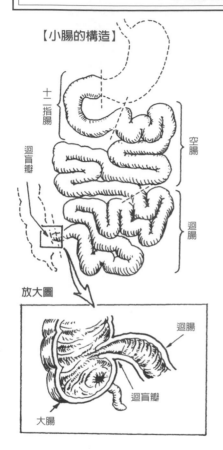

十二指腸

迴盲瓣

空腸

迴腸

放大圖

迴腸

迴盲瓣

大腸

★小腸的構造

小腸是由十二指腸、空腸、迴腸這三個部分所構成。

（不過，一般所說的小腸，是指除了十二指腸以外的空腸及迴腸。）

一般成人的小腸長度約5～7公尺，但是體內腸管的肌肉好像在蠕動一般，故長度約縮短為3公尺。（參照下記【參考】。）

小腸上部5分之2是空腸，剩下是迴腸，實際上作用完全相同。

★迴腸的出口是何種狀況？

迴腸的出口有迴盲瓣這種器官，避免送入大腸的食物逆流回來，因此緊閉出口，具有防止逆流瓣的作用。

【參考】腸的運動

腸1分鐘會進行15～20次的收縮運動。

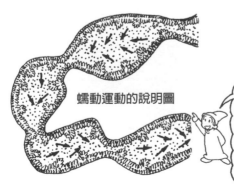

蠕動運動的說明圖

藉由收縮的力量進行消化食物的運動（分節運動），以及將消化物送往前端的運動（蠕動運動）這二種形態的運動。（參照59頁）

【腸管的放大圖】

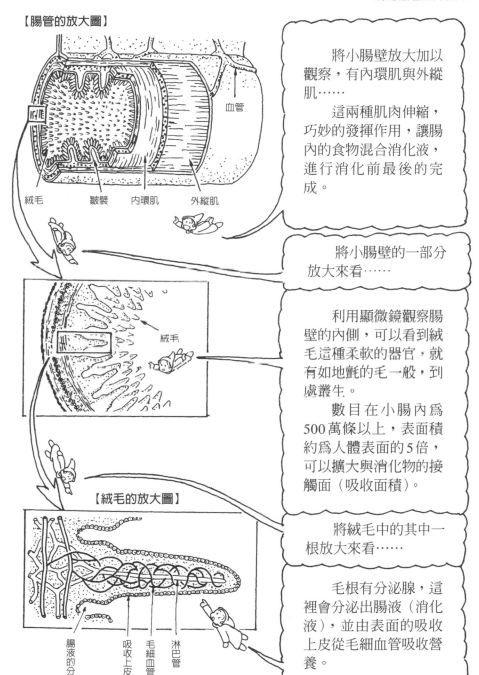

血管

絨毛　　皺襞　　內環肌　　外縱肌

絨毛

【絨毛的放大圖】

腸液的分泌腺　　吸收上皮　　毛細血管　　淋巴管

將小腸壁放大加以觀察，有內環肌與外縱肌……

這兩種肌肉伸縮，巧妙的發揮作用，讓腸內的食物混合消化液，進行消化前最後的完成。

將小腸壁的一部分放大來看……

利用顯微鏡觀察腸壁的內側，可以看到絨毛這種柔軟的器官，就有如地氈的毛一般，到處叢生。

數目在小腸內為500萬條以上，表面積約為人體表面的5倍，可以擴大與消化物的接觸面（吸收面積）。

將絨毛中的其中一根放大來看……

毛根有分泌腺，這裡會分泌出腸液（消化液），並由表面的吸收上皮從毛細血管吸收營養。

小腸吸收營養的構造的探險

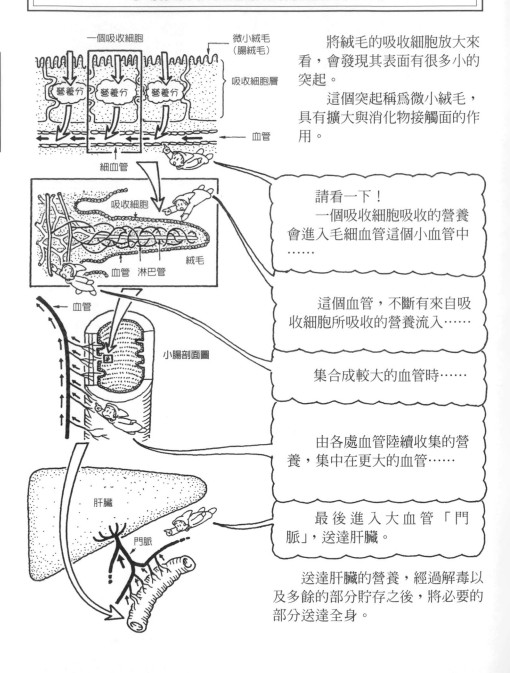

一個吸收細胞

微小絨毛（腸絨毛）

吸收細胞層

營養分　營養分　營養分

血管

細血管

吸收細胞

絨毛

血管　淋巴管

血管

小腸剖面圖

肝臟

門脈

將絨毛的吸收細胞放大來看，會發現其表面有很多小的突起。

這個突起稱爲微小絨毛，具有擴大與消化物接觸面的作用。

請看一下！
一個吸收細胞吸收的營養會進入毛細血管這個小血管中……

這個血管，不斷有來自吸收細胞所吸收的營養流入……

集合成較大的血管時……

由各處血管陸續收集的營養，集中在更大的血管……

最後進入大血管「門脈」，送達肝臟。

送達肝臟的營養，經過解毒以及多餘的部分貯存之後，將必要的部分送達全身。

❸ 消化器官的探險

【參考】腸運動的構造

食物經由胃、十二指腸、小腸、大腸陸續送達前端，會進行以下所列舉的運動。

❸消化器官的探險

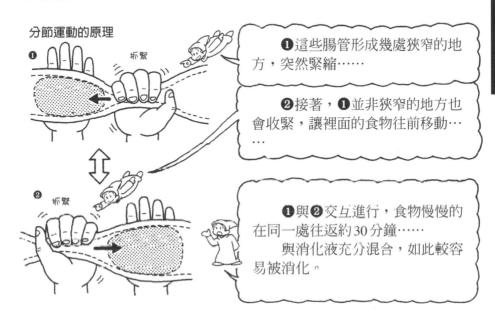

分節運動的原理

❶這些腸管形成幾處狹窄的地方，突然緊縮⋯⋯

❷接著，❶並非狹窄的地方也會收緊，讓裡面的食物往前移動⋯⋯

❶與❷交互進行，食物慢慢的在同一處往返約30分鐘⋯⋯
與消化液充分混合，如此較容易被消化。

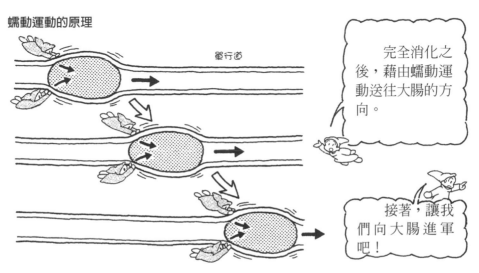

蠕動運動的原理

完全消化之後，藉由蠕動運動送往大腸的方向。

接著，讓我們向大腸進軍吧！

大腸構造的探險

在小腸吸收營養，接著食物被送到大腸。大腸又分為盲腸、結腸、直腸三部分，全長1.5公尺。

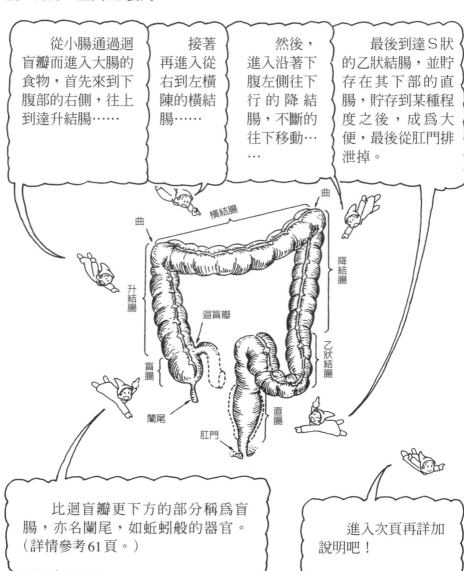

從小腸通過迴盲瓣而進入大腸的食物，首先來到下腹部的右側，往上到達升結腸……

接著再進入從右到左橫陳的橫結腸……

然後，進入沿著下腹左側往下行的降結腸，不斷的往下移動……

最後到達Ｓ狀的乙狀結腸，並貯存在其下部的直腸，貯存到某種程度之後，成為大便，最後從肛門排泄掉。

橫結腸

曲

曲

降結腸

升結腸

迴盲瓣

乙狀結腸

盲腸

闌尾

直腸

肛門

比迴盲瓣更下方的部分稱為盲腸，亦名闌尾，如蚯蚓般的器官。（詳情參考61頁。）

進入次頁再詳加說明吧！

大腸延伸到何處？

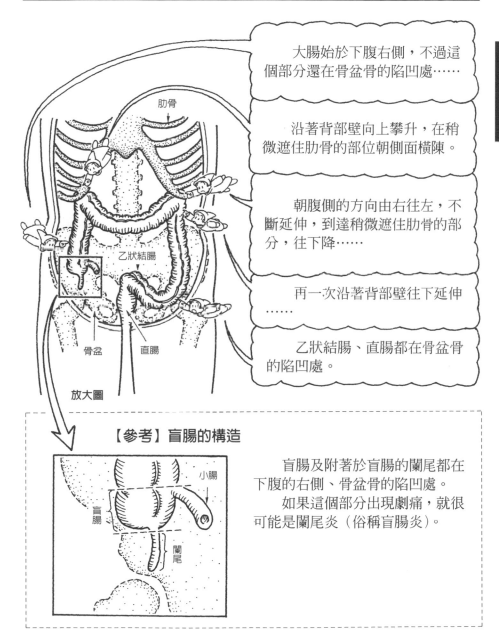

大腸始於下腹右側，不過這個部分還在骨盆骨的陷凹處⋯⋯

沿著背部壁向上攀升，在稍微遮住肋骨的部位朝側面橫陳。

朝腹側的方向由右往左，不斷延伸，到達稍微遮住肋骨的部分，往下降⋯⋯

再一次沿著背部壁往下延伸⋯⋯

乙狀結腸、直腸都在骨盆骨的陷凹處。

【參考】盲腸的構造

盲腸及附著於盲腸的闌尾都在下腹的右側、骨盆骨的陷凹處。

如果這個部分出現劇痛，就很可能是闌尾炎（俗稱盲腸炎）。

❸
消化器官的探險

大腸作用的探險

大腸之中的結腸與盲腸，有肌肉特別厚的部分，共三條，稱爲結腸系膜帶。

這個系膜帶牢牢的嵌住掛在腹部的大網膜以及腸系膜，藉此能夠使大腸保持在固定的位置上。

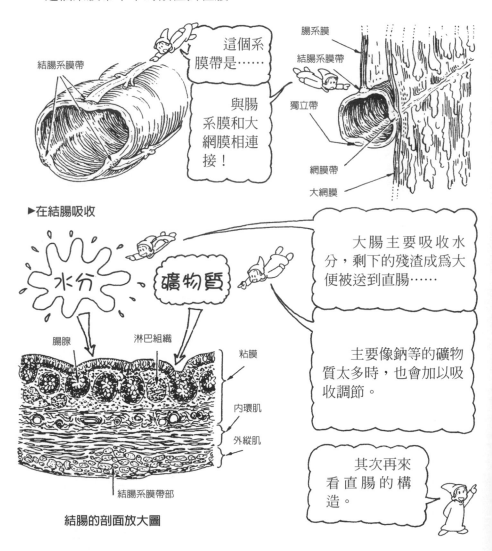

結腸系膜帶

這個系膜帶是……

與腸系膜和大網膜相連接！

腸系膜

結腸系膜帶

獨立帶

網膜帶

大網膜

▶在結腸吸收

水分

礦物質

大腸主要吸收水分，剩下的殘渣成爲大便被送到直腸……

主要像鈉等的礦物質太多時，也會加以吸收調節。

腸腺　　淋巴組織

粘膜

内環肌

外縱肌

結腸系膜帶部

其次再來看直腸的構造。

結腸的剖面放大圖

直腸構造的探險

▶直腸及其周圍的器官

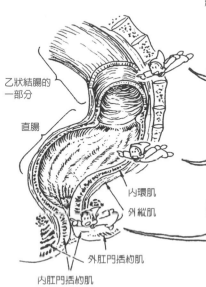

乙狀結腸的
一部分

直腸

內環肌

外縱肌

外肛門括約肌

內肛門括約肌

一般的成人直腸長 20 公分，在乙狀結腸和肛門之間。

〔引起排便的構造〕

水分被適量擠出之後，具有適當硬度的大便從乙狀結腸被送過來……

積存在乙狀結腸下方及直腸，到達某種程度之後……

直腸壁因為大便而產生痙攣，這個刺激傳達到神經再傳達到腦，產生便意，這時，內肛門括約肌放鬆，直腸壁從肛門將大便推出。

肛門構造的探險

肛門為最後的一個消化器，是排便的栓。

成人的肛門約長 2.5 公分，除了排便之外，通常是緊閉的。

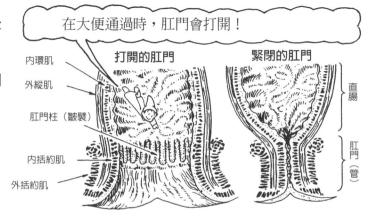

在大便通過時，肛門會打開！

內環肌

外縱肌

肛門柱（皺襞）

內括約肌

外括約肌

打開的肛門

緊閉的肛門

直腸

肛門（管）

消化碳水化合物（飯、麵包等主食）的構造

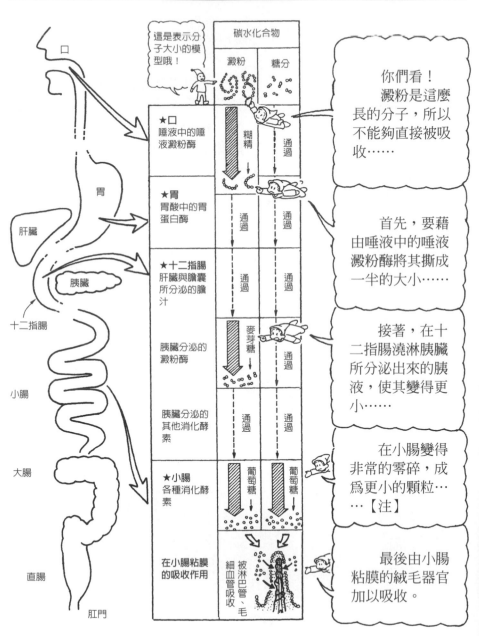

【注】糖分比澱粉等更小，在小腸變得非常的零碎。

消化蛋白質、脂肪（肉或魚等主菜）的構造

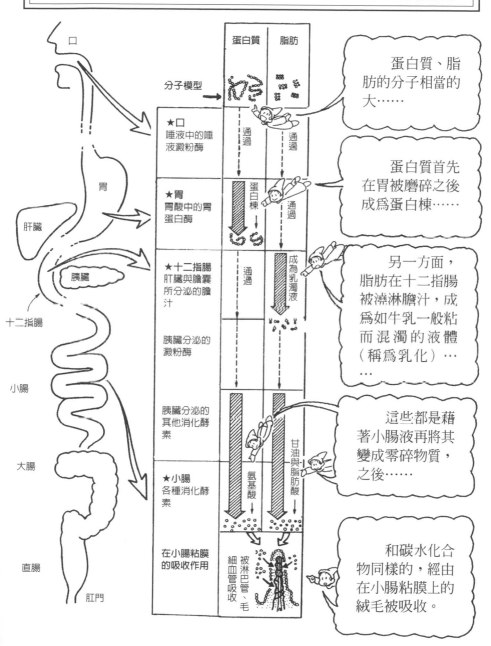

❸ 消化器官的探險

蛋白質、脂肪的分子相當的大……

蛋白質首先在胃被磨碎之後成為蛋白棟……

另一方面，脂肪在十二指腸被滌淋膽汁，成為如牛乳一般粘而混濁的液體（稱為乳化）……

這些都是藉著小腸液再將其變成零碎物質，之後……

和碳水化合物同樣的，經由在小腸粘膜上的絨毛被吸收。

食物停留在胃內時間的探險

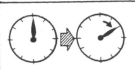

消化時間（食物停留在胃內的
時間）……數分鐘～2小時

▶飲料性食品……水、綠茶、砂糖水、果汁等
▶植物性食品……蘋果、葡萄、橘子、粥等
▶動物性食品……半熟蛋、魚湯等

這些食品的消化時間並不長，適合胃不好或胃弱者食用……

消化時間……2～3小時

▶飲料性食品……日本酒、啤酒、咖啡等
▶植物性食品……白蘿蔔、胡蘿蔔、蕪菁、牛蒡、菠菜、蔥、洋蔥、茄子、
　　　　　　　　小黃瓜、南瓜、馬鈴薯、枇杷、桃子、柿子、西瓜、麵、
　　　　　　　　昆布、豆腐、烏龍麵、蕎麵、米飯等
▶動物性食品……雞湯、牛乳、生蛋、脂肪較少的魚、蛋糕、冰淇淋、
　　　　　　　　酸乳酪等等

這些食品較容易消化，但是……

消化時間……3
～4小時

▶植物性食品……甘藷、竹筍、慈菇、大豆、豌豆、蒟蒻等
▶動物性食品……脂肪較多的魚、泥鰍、文蛤、魚板、脂肪較少的肉、
　　　　　　　　煮蛋、煎蛋等

食物纖維較多的食物或脂肪，要花較多的時間來消化……

消化時間……4小時左右

▶植物性食品……炸蔬菜等
▶動物性食品……脂肪較多的肉、鰻魚、青魚子等

脂肪過多時，需要更長的消化時間

食物停留在腸內時間的探險

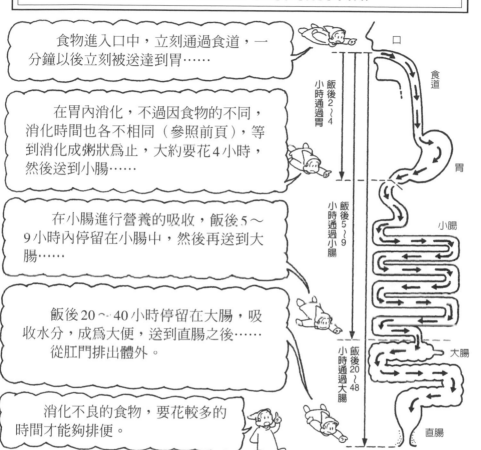

食物進入口中，立刻通過食道，一分鐘以後立刻被送達到胃……

在胃內消化，不過因食物的不同，消化時間也各不相同（參照前頁），等到消化成粥狀爲止，大約要花4小時，然後送到小腸……

在小腸進行營養的吸收，飯後5～9小時內停留在小腸中，然後再送到大腸……

飯後20～40小時停留在大腸，吸收水分，成爲大便，送到直腸之後……從肛門排出體外。

消化不良的食物，要花較多的時間才能夠排便。

口
食道
胃
小腸
大腸
直腸
肛門

飯後2～4小時通過胃
飯後5～9小時通過小腸
飯後20～48小時通過大腸

❸ 消化器官的探險

【參考】每天早上順利排便的訓練法

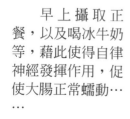

早上攝取正餐，以及喝冰牛奶等，藉此使得自律神經發揮作用，促使大腸正常蠕動……

產生便意時，就要排便，以清爽的心情開始迎接美好的一天吧！

食物在大腸發酵的構造的探險

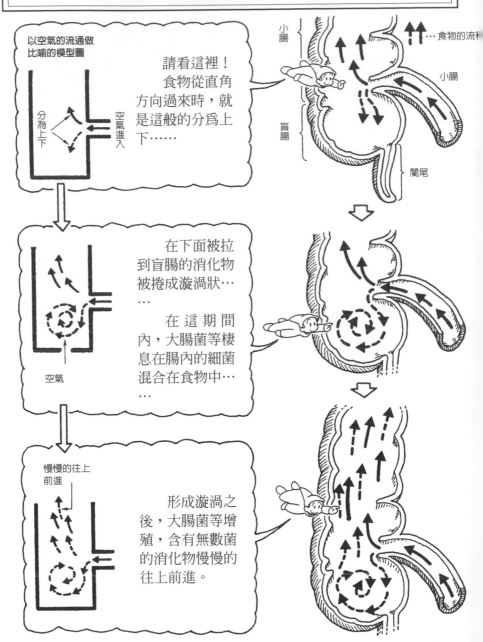

以空氣的流通做比喻的模型圖

分為上下

空氣進入

請看這裡！食物從直角方向過來時，就是這般的分為上下……

小腸

盲腸

闌尾

小腸

……食物的流程

空氣

在下面被拉到盲腸的消化物被捲成漩渦狀……

在這期間內，大腸菌等棲息在腸內的細菌混合在食物中……

慢慢的往上前進

形成漩渦之後，大腸菌等增殖，含有無數菌的消化物慢慢的往上前進。

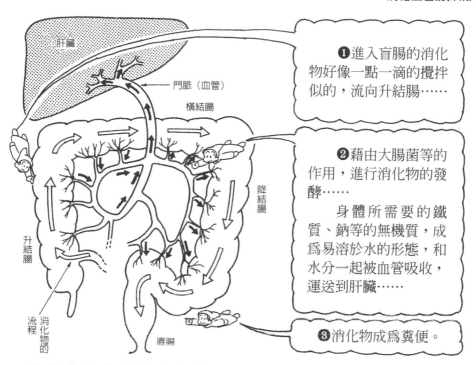

❶進入盲腸的消化物好像一點一滴的攪拌似的，流向升結腸……

❷藉由大腸菌等的作用，進行消化物的發酵……

身體所需要的鐵質、鈉等的無機質，成為易溶於水的形態，和水分一起被血管吸收，運送到肝臟……

❸消化物成為糞便。

❸消化器官的探險

【參考】闌尾是什麼東西？

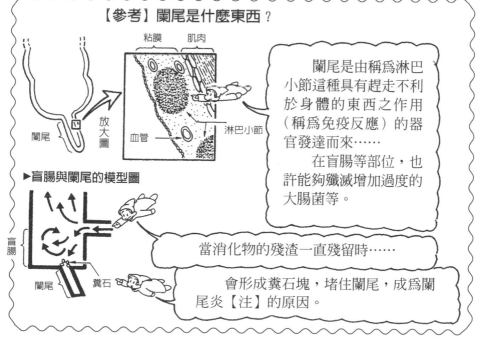

▶盲腸與闌尾的模型圖

闌尾是由稱為淋巴小節這種具有趕走不利於身體的東西之作用（稱為免疫反應）的器官發達而來……

在盲腸等部位，也許能夠殲滅增加過度的大腸菌等。

當消化物的殘渣一直殘留時……

會形成糞石塊，堵住闌尾，成為闌尾炎【注】的原因。

【注】闌尾炎就是俗稱的盲腸炎。

放屁構造的探險

在胃腸沒有完全消化而剩下的蛋白質，或是無法被消化的食物纖維等被送到大腸，藉著大腸菌等的作用使其腐敗、發酵……

蛋白質分解之後，會產生好像臭蛋氣味的硫化氫氣體，以及具有臭味的吲哚、糞臭素而產生了屁……

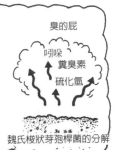

臭的屁

吲哚
糞臭素
硫化氫

魏氏梭狀芽孢桿菌的分解

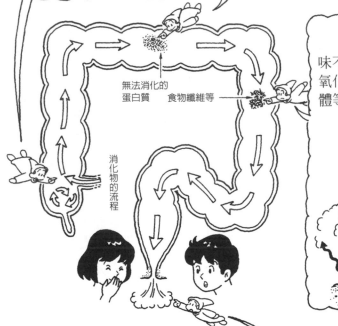

無法消化的蛋白質　食物纖維等

消化物的流程

食物纖維會產生氣味不是很臭的氮氣、二氧化碳、氧氣、甲烷氣體等……

不臭的屁

氮氣　　二氧化碳
氧氣　　甲烷氣體
發酵

因此，屁有臭的屁與不臭的屁。【注】

胃腸較弱的人，硫化氫或吲哚、糞臭素等的惡臭成分較多。

這些氣體就是屁的真相，不要忍耐放屁，有屁儘量放吧！

【注】攝取乳製品時，其中所含的雙叉乳桿菌、乳酸菌的作用，能夠減少魏氏梭狀芽孢桿菌所製造出來的有害物質之毒素。

排便的構造與成分的探險

★排便的構造

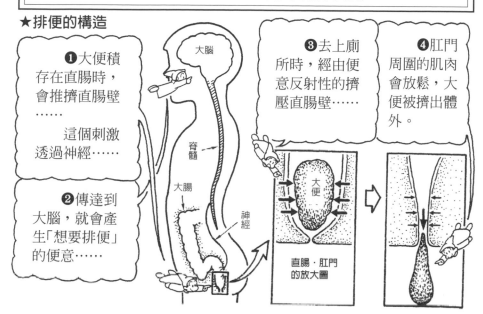

❶大便積存在直腸時，會推擠直腸壁……

這個刺激透過神經……

❷傳達到大腦，就會產生「想要排便」的便意……

大腦

脊髓

大腸

神經

❸去上廁所時，經由便意反射性的擠壓直腸壁……

❹肛門周圍的肌肉會放鬆，大便被擠出體外。

大便

直腸‧肛門的放大圖

❸消化器官的探險

【參考】如果附近沒有廁所，暫時忍耐片刻，也能夠消除便意。

★大便中所含的成分……如下表所示，除大便的氣味、顏色所構成的成分（❶❷）之外，還有與食物無關的成分（❸❹）。

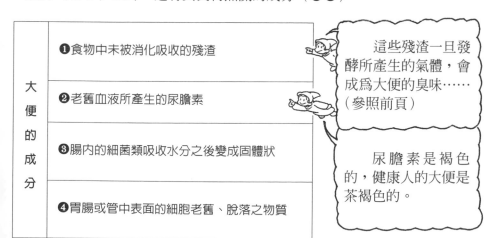

大便的成分	❶食物中未被消化吸收的殘渣
	❷老舊血液所產生的尿膽素
	❸腸內的細菌類吸收水分之後變成固體狀
	❹胃腸或管中表面的細胞老舊、脫落之物質

這些殘渣一旦發酵所產生的氣體，會成為大便的臭味……（參照前頁）

尿膽素是褐色的，健康人的大便是茶褐色的。

營養素的探險

　　人類生存活動必要的物質就是營養素，碳水化合物、脂肪、蛋白質、維他命、礦物質（無機質）稱為五大營養素。

【碳水化合物】

❶碳水化合物具有保持體溫、供給活動所需運動熱量等作用……

　　含量較多的是飯、麵類、麵包等穀物，以及芋類、砂糖等等

【脂肪】

❷脂肪也具有保持體溫，成為運動熱量的作用，而產生的熱量為碳水化合物的兩倍……

　　含量較多的是沙拉油、魚肉類的脂肪、奶油等等

【蛋白質】

❸蛋白質則構成肌肉、皮膚、內臟、指甲等，亦即成為身體根源的營養素……

　　含量較多的是魚肉、大豆製品（豆腐等）乳酪等等

【維他命】

❹維他命具有「潤滑油」的作用，能夠使身體順暢的活動，是體內不可或缺的物質……

　　含量較多的是蔬菜與水果……

【礦物質】

❺礦物質有的會構成身體的成分，有的則具有「潤滑油」的作用，是必要的物質……

　　乳製品中含量較多的是鈣質，而海草與肝臟中則含有較多的鐵質。

熱量的探險

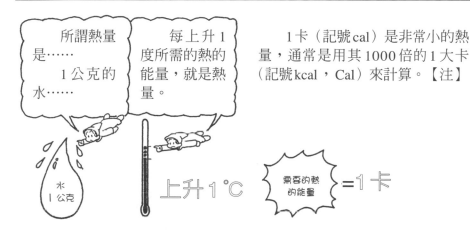

所謂熱量是……
1公克的水……

每上升1度所需的熱的能量，就是熱量。

1卡（記號cal）是非常小的熱量，通常是用其1000倍的1大卡（記號kcal，Cal）來計算。【注】

水1公克

上升1℃

需要的熱的能量 ＝1卡

★運動熱量與營養學的熱量

熱量源
汽油

機車、汽車燃燒汽油時所產生的熱量，能夠使車輪轉動，轉換為運動熱量，使車輛奔馳……

熱量源
碳水化合物或脂肪等

人類的情形亦同，食物中所含的營養（碳水化合物或脂肪等）在體內消化所產生的熱能，轉換為運動熱量，能夠維持體溫，使人能夠進行運動等等

所以一定要認真的攝取營養。

★各種食物的熱量

香蕉 1根
約100kcal

牛乳
200ml
約
100kcal

飯 1碗
約240kcal

蛋
約80kcal

1塊鮭魚
約80kcal

【注】1公克的醣類和蛋白質，能產生4.1kcal的熱量，而脂肪則能夠產生9.3kcal的熱量。

碳水化合物發揮作用的構造的探險

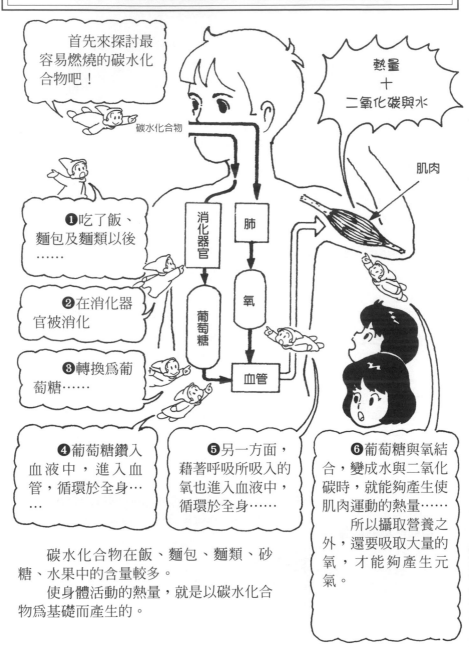

首先來探討最容易燃燒的碳水化合物吧！

碳水化合物

熱量
＋
二氧化碳與水

肌肉

❶吃了飯、麵包及麵類以後……

消化器官

肺

❷在消化器官被消化

葡萄糖

氧

❸轉換爲葡萄糖……

血管

❹葡萄糖鑽入血液中，進入血管，循環於全身……

❺另一方面，藉著呼吸所吸入的氧也進入血液中，循環於全身……

❻葡萄糖與氧結合，變成水與二氧化碳時，就能夠產生使肌肉運動的熱量……
　　所以攝取營養之外，還要吸取大量的氧，才能夠產生元氣。

　　碳水化合物在飯、麵包、麵類、砂糖、水果中的含量較多。
　　使身體活動的熱量，就是以碳水化合物爲基礎而產生的。

脂肪發揮作用的構造的探險

❶吃了澱粉類、奶油餅乾之後……

❷其中所含的脂肪在小腸被吸收，進入血液中，然後陸續的進入血管中……

❸儲藏在全身的脂肪組織，而特別容易積存脂肪的部位是……

男性是
腹部周圍……

女性是
腰部周圍、大腿……

脂肪組織就如同熱量的儲藏庫一般……

空氣

脂肪
（食物）

消化器官

肺

氧

脂肪組織

血管

❹ 空腹時，肝臟會對全身的脂肪組織發揮作用，分解脂肪，使其溶入血液中……

❺經由呼吸所攝取的氧與脂肪結合，就好像火上加油一般，立刻燃燒，產生使肌肉活動所需的熱量。

脂肪與碳水化合物同樣的，是會變成活動熱量的營養素，分為動物性脂肪與植物性脂肪。

脂肪的熱量是碳水化合物的兩倍。

蛋白質作用的探險

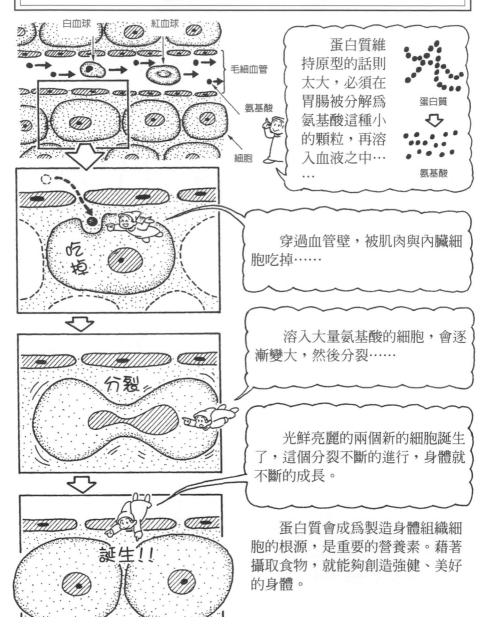

白血球　紅血球

毛細血管

氨基酸

細胞

蛋白質維持原型的話則太大，必須在胃腸被分解爲氨基酸這種小的顆粒，再溶入血液之中……

蛋白質

氨基酸

吃掉

穿過血管壁，被肌肉與內臟細胞吃掉……

分裂

溶入大量氨基酸的細胞，會逐漸變大，然後分裂……

光鮮亮麗的兩個新的細胞誕生了，這個分裂不斷的進行，身體就不斷的成長。

誕生!!

蛋白質會成爲製造身體組織細胞的根源，是重要的營養素。藉著攝取食物，就能夠創造強健、美好的身體。

❸ 消化器官的探險

巧妙攝取蛋白質的方法

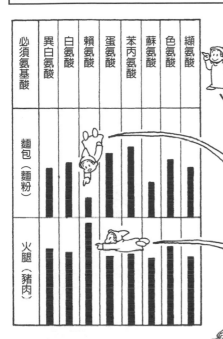

必須氨基酸	異白氨酸	白氨酸	賴氨酸	蛋氨酸	苯丙氨酸	蘇氨酸	色氨酸	纈氨酸
麵包（麵粉）								
火腿（豬肉）								

蛋白質在體內分解成氨基酸，這時需要的就是八種氨基酸……

其中，缺乏任何一種，都不能夠成為具體的根源……

麵包中所含的用麵粉製造出來的賴氨酸這種必須氨基酸的量相當少……

所以，要和含有大量賴氨酸的火腿一起吃，才能夠取得均衡的營養……

A 氨基酸平衡失調的食物

蔬菜・芋類

穀類
飯　麵　麵包

這個A群的食品，正是所謂的「粗食」，氨基酸的平衡失調……

B 氨基酸平衡良好的食物

肉

魚

乳製品
牛乳　乳酪　酸乳酪

大豆製品
豆腐　味噌　納豆

而B群的食品，則是氨基酸平衡良好的食品……

例如吃了A群食品中的飯時，一定要搭配食用B群中的魚、豆腐、味噌等，就能夠創造強健的身體。

❸ 消化器官的探險

礦物質作用的探險

　　燃燒食物時，會分成煙與灰，而殘留在灰中的物質稱為礦物質（無機質）。雖是微量物質，卻具有以下的作用。

硫(S)	製造頭髮與指甲
鈣(Ca)	製造骨骼與牙齒，抑制焦躁
磷(P)	製造骨骼與牙齒
鉀(K)	使肌肉順利的活動，去除身體的浮腫
鈉(Na)	抑制肌肉的作用，與鉀共同調節水分
鐵(Fe)	紅血球的成分
碘(I)	荷爾蒙的成分
氯(C)	胃液的成分

指甲

齒

甲狀腺（分泌荷爾蒙）

骨

肌肉

血液中的紅血球

胃液

　　此外，還有鎂等，不過只要攝取自然的食物，就能夠得到足夠的量，不用擔心……

　　但是，鈣與鐵質容易不足，要積極的攝取。

鈣質含量較多的食品	羊乳、乳酪、羊栖菜、海帶芽、小魚乾、魩仔魚、芝麻、蜆、小油菜等等
鐵質含量較多的食品	羊栖菜、肝臟、蜆、小魚乾、菠菜、小油菜、蘿蔔乾等等

維他命作用的探險

維他命是身體的「潤滑油」，具有以下的作用。只要正常的攝取食物，就不會導致缺乏。

維他命名稱	各種維他命主要的作用
＊維他命 A	鞏固皮膚與粘膜，防止夜盲症（在微暗處眼睛看不清楚的疾病）。
＊維他命 B_1	分解碳水化合物，幫助熱量的產生。
＊維他命 B_2	促進脂肪的分解，幫助身體的成長。
維他命 B_6	強健皮膚，具有使神經恢復正常的作用。
維他命 B_{12}	緩和情緒，防止惡性貧血（缺乏維他命 B_{12} 所引起的貧血）。
煙酸	強健皮膚，幫助神經的功能。
泛酸	提高身體的抵抗力，有助於抵抗壓力。
葉酸	預防貧血，強健皮膚。
維他命 H	保持皮膚與頭髮的健康。
＊維他命 C	使皮膚美麗，預防感冒。
＊維他命 D	強健骨髓與牙齒。
維他命 E	防止老化，預防成人病。
維他命 K	防止受傷時的出血。

但是上表有加＊字的維他命，偶爾容易缺乏。請看次頁的說明。

一旦缺乏這些維他命時……

缺乏維他命 A 時……
　　容易引起脫毛、肌膚乾燥、在黑暗處眼睛看不清楚（夜盲症），也容易感冒……

缺乏維他命 B_1 時……
　　腳容易抽筋、浮腫……，此外，缺乏食慾，胃腸較弱……

缺乏維他命 B_2 時……
　　容易引起口內炎或肌膚乾燥，也容易出現白髮。此外，脂肪不易分解，無法順利減肥……

缺乏維他命 C 時……
　　身體的抵抗力降低，容易感冒。會形成斑點、雀斑，容易出血……

缺乏維他命 D 時……
　　骨骼脆弱，容易罹患骨質疏鬆症，也容易得蛀牙……

　　一定要積極的攝取這些食物。

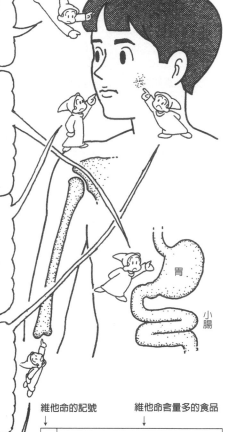

胃

小腸

維他命的記號	維他命含量多的食品
A	肝臟、牛乳、黃綠色蔬菜
B_1	糙米、大豆、牛乳、花生、鰻魚
B_2	鰻魚、肝臟、牛乳、蛋、納豆
C	新鮮的蔬菜與水果
D	鮭魚、鰹魚、沙丁魚、牛乳、奶油

❸ 消化器官的探險

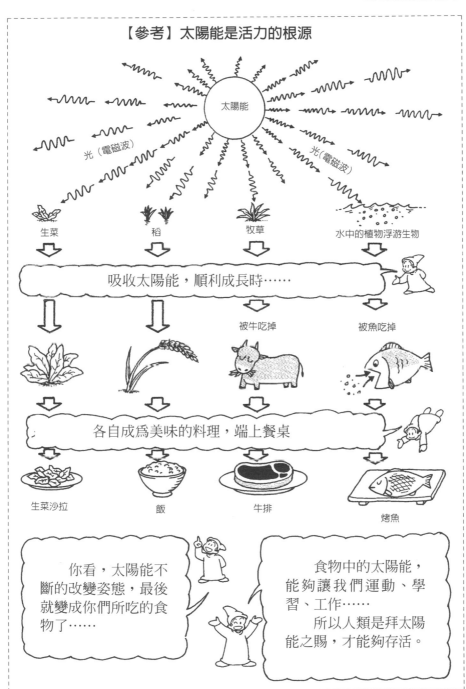

【參考】太陽能是活力的根源

胰臟的探險

消化器官的探險 ❽

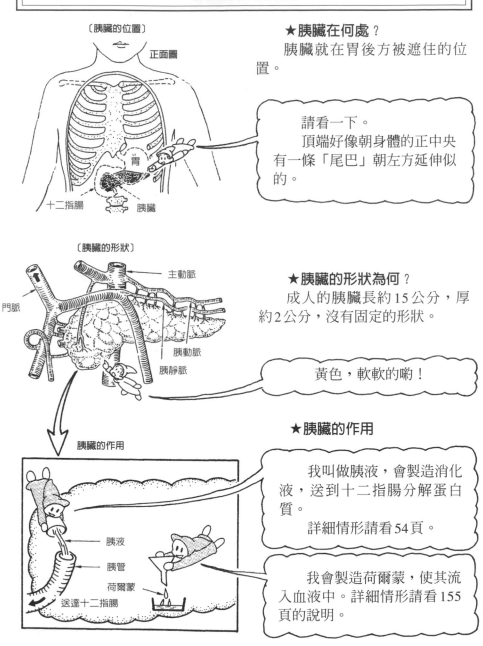

〔胰臟的位置〕

正面圖

胃

十二指腸　　胰臟

★胰臟在何處？
　　胰臟就在胃後方被遮住的位置。

請看一下。
頂端好像朝身體的正中央有一條「尾巴」朝左方延伸似的。

〔胰臟的形狀〕

主動脈

門脈

胰動脈

胰靜脈

★胰臟的形狀為何？
　　成人的胰臟長約15公分，厚約2公分，沒有固定的形狀。

黃色，軟軟的嘛！

★胰臟的作用

胰臟的作用

胰液

胰管

荷爾蒙

送達十二指腸

我叫做胰液，會製造消化液，送到十二指腸分解蛋白質。
詳細情形請看54頁。

我會製造荷爾蒙，使其流入血液中。詳細情形請看155頁的說明。

肝臟的探險

【肝臟的位置】

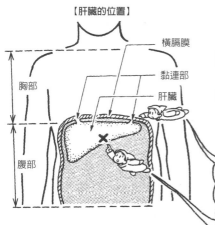

橫膈膜

黏連部

肝臟

胸部

腹部

★肝臟在何處？

肝臟位於胸部與腹部的交界處，橫膈膜的下方，是體內最大的腺體。

肝臟佔據腹部上方（靠近胸的位置）的右側。

橫膈膜與肝臟在此處黏連。

這個×記號處是心窩，是要害之一。

【膽汁的流程】

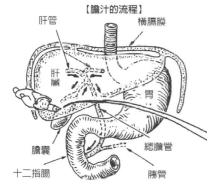

肝管

橫膈膜

肝臟

胃

膽囊

總膽管

十二指腸

胰管

★膽汁的流程

肝臟會分泌膽汁與消化液，將這種液體送達十二指腸的管子稱為總膽管。

在總膽管的途中有垂掛下來，儲存膽汁的膽囊。

【肝臟血液的流程】

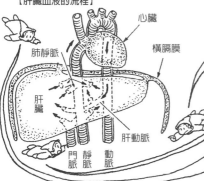

心臟

肺靜脈

橫膈膜

肝臟

肝動脈

門靜脈　靜脈　動脈

★肝臟的血液流程

供給肝臟營養和氧的是肝動脈。

收集來自消化器官，充滿營養的血液，並加以運送的就是門脈。

將進行過各種處理（參照85頁）的血液送回心臟的就是肝靜脈。

肝臟細胞構造的探險

【肝臟肝小葉的模型圖】

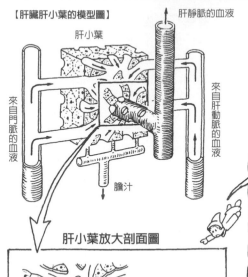

肝靜脈的血液

肝小葉

來自門脈的血液

來自肝動脈的血液

膽汁

★肝臟中的狀況

　　用顯微鏡觀察肝臟，會發現有星狀的肝細胞聚集。

　　這個物質稱爲肝小葉，大小約爲1～2毫米。

　　將肝小葉放大時，會發現用繩子相連接的肝細胞……

　　在行列之間，血液流經非常小的縫隙……

　　這個血液在流入肝靜脈之前，會進行以下重要的工作。

肝小葉放大剖面圖

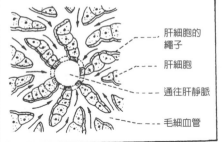

肝細胞的繩子

肝細胞

通往肝靜脈

毛細血管

★肝臟的作用

　　重要的工作就是……

　　❶從動脈的血液吸收氧和營養……

　　❷從門脈的血液攝取多餘的養分……

斜切圖

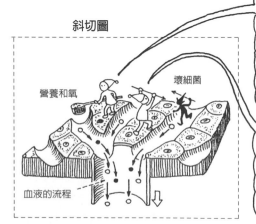

營養和氧

壞細菌

血液的流程

　　❸擊潰偷偷溜進來的壞細菌和毒素。

　　詳情請參閱次頁。

消化器官的探險 ❸

肝臟作用的探險

【肝臟的主要作用】

【肝臟的血液流程】

❶**儲存多餘的營養**

　　身體在需要熱量的時候，可以將營養溶解於血液中輸送到全身。

營養　　　　　　　　　儲藏

❷**分解對身體有害的東西，將其變成無害物質【注】**

　●在消化蛋白質時所產生的氨對身體不好，所以要將其變成尿素，隨著尿液一起排泄到體外……

尿素

　●壞細菌或毒素要進行分解，將其擊退。

壞細菌

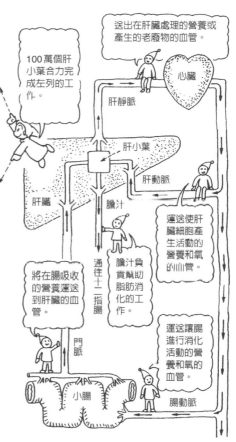

送出在肝臟處理的營養或產生的老廢物的血管。

100萬個肝小葉合力完成左列的工作。

心臟

肝靜脈

肝小葉

肝動脈

肝臟

膽汁

將在腸吸收的營養運送到肝臟的血管。

膽汁負責幫助脂肪消化的工作。

通往十二指腸

運送使肝臟細胞產生活動的營養和氧的血管。

運送讓腸進行消化活動的營養和氧的血管。

門脈

小腸

腸動脈

　　此外，進行上述工作的肝細胞在細胞內所產生的熱，會隨著血液運送到全身，使全身保持一定的體溫……

　　用老舊的血液當作材料，製造膽汁。
　　關於膽汁請看次頁的說明。

【注】此外，還有分解酒精的功能。

膽囊的探險

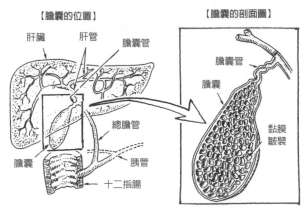

【膽囊的位置】

肝臟　肝管　膽囊管

總膽管

膽囊　　胰管

十二指腸

【膽囊的剖面圖】

膽囊管

膽囊

黏膜
皺襞

由肝臟所製造的膽
汁，儲藏在由膽囊這個
肌肉所形成的袋子裡。

　　膽囊垂掛在肝臟後
側陷凹的部分。

【膽汁到達十二指腸】

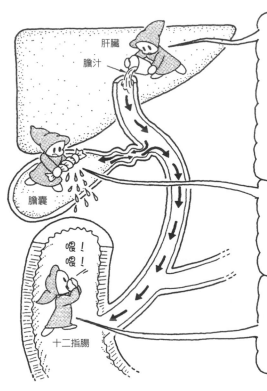

肝臟

膽汁

膽囊

嗄！
嗄！

十二指腸

❶膽汁的成分幾乎（約
97％）都是水，其他的成分
則是消耗脂肪時，容易產生活
動的膽汁酸以及從老舊血液所
形成的膽紅素、膽固醇等等

❷肝臟不斷送來的膽汁，
在膽囊擠出水分之後會濃縮，
然後……
　　儲存在膽囊中……

❸當食物進入十二指腸
時，藉著荷爾蒙的作用將膽汁
送入十二指腸內。

【參考】大便的顏色是由膽紅素來決定的！

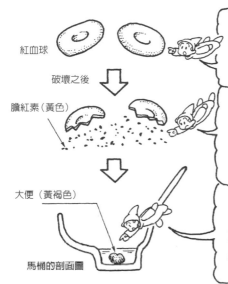

紅血球

破壞之後

膽紅素（黃色）

大便（黃褐色）

馬桶的剖面圖

在血液中負責運送氧的紅血球中所含的物質……（參照117頁）

在完成工作，壽命結束時，不會溶解而形成黃色的物質膽紅素，溶解到膽汁中……

在十二指腸混合消化物，因大腸內細菌的關係變成褐色的尿膽素，因此大便也是呈褐色的。

【參考】膽汁中所含的成分……膽固醇是什麼？

膽固醇是構成身體根源的細胞膜及膽汁、荷爾蒙等成分的重要物質，從食物中攝取，在肝臟中製造出來。

膽固醇包括會清掃血管，使血液順利流通的好膽固醇。以及會積存在血液，引起各種毛病的壞膽固醇。

好膽固醇在魚的脂肪和植物油（椰子油除外）中含量較多。

壞膽固醇在牛肉和豬肉的脂肪中含量較多，因此要注意不可以吃太多。

壞膽固醇(LDL)

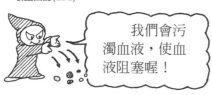

我們會污濁血液，使血液阻塞喔！

好膽固醇(HDL)

我會打掃血管喔！

第4章
呼吸器官的探險

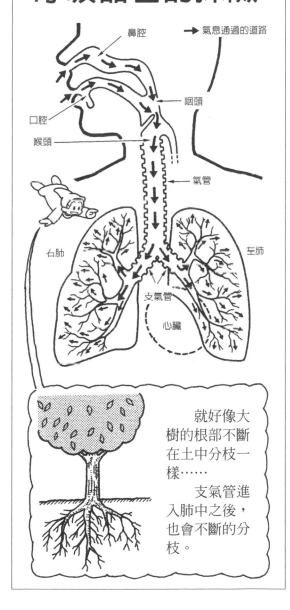

鼻腔

→ 氣息通過的道路

咽頭

口腔

喉頭

氣管

右肺

左肺

支氣管

心臟

就好像大樹的根部不斷在土中分枝一樣……

支氣管進入肺中之後，也會不斷的分枝。

肺的位置與形狀的探險

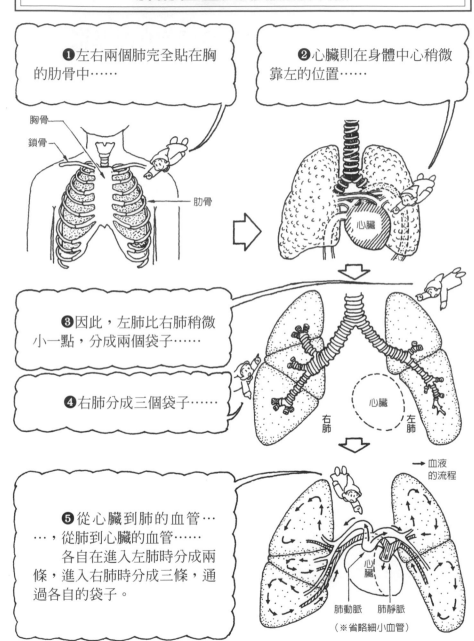

❶左右兩個肺完全貼在胸的肋骨中……

❷心臟則在身體中心稍微靠左的位置……

❸因此，左肺比右肺稍微小一點，分成兩個袋子……

❹右肺分成三個袋子……

❺從心臟到肺的血管……，從肺到心臟的血管……
各自在進入左肺時分成兩條，進入右肺時分成三條，通過各自的袋子。

胸骨

鎖骨

肋骨

心臟

右肺

左肺

心臟

→ 血液的流程

心臟

肺動脈　肺靜脈

（※省略細小血管）

❹呼吸器官的探險

肺構造的探險

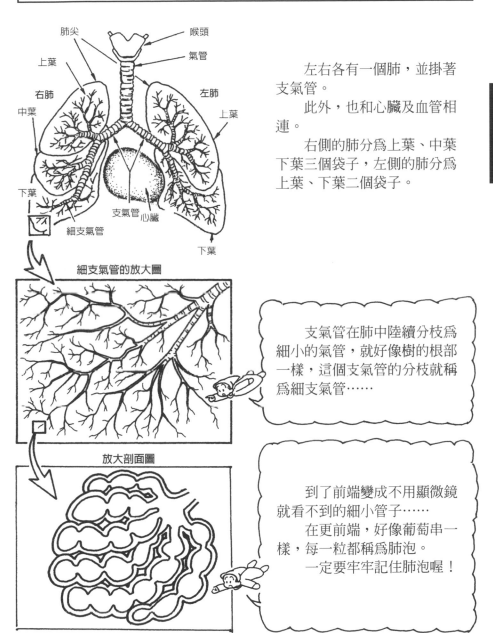

左右各有一個肺，並掛著支氣管。

此外，也和心臟及血管相連。

右側的肺分為上葉、中葉下葉三個袋子，左側的肺分為上葉、下葉二個袋子。

❹ 呼吸器官的探險

支氣管在肺中陸續分枝為細小的氣管，就好像樹的根部一樣，這個支氣管的分枝就稱為細支氣管……

到了前端變成不用顯微鏡就看不到的細小管子……

在更前端，好像葡萄串一樣，每一粒都稱為肺泡。

一定要牢牢記住肺泡喔！

在肺中交換氧和二氧化碳的構造

心臟緊緊收縮，將收集自全身的血液送達肺的方向時……

血液中所含的紅血球，將由體內收集的二氧化碳丟棄在肺泡內……

但是，取而代之的則是吸入在吸氣時同時一併吸入的氧……

然後，從心臟和血液一起將紅血球送達全身，將氧送入身體的各組織中。

4 呼吸器官的探險

由心臟到肺的血液流程

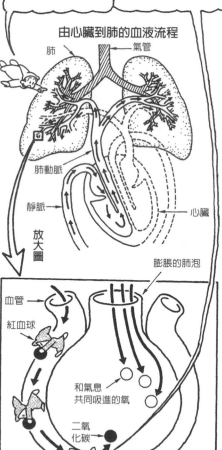

肺　　氣管

肺動脈

靜脈　　　　心臟

放大圖

血管

紅血球

和氣息共同吸進的氧

二氧化碳

膨脹的肺泡

由肺通往心臟的血液流程

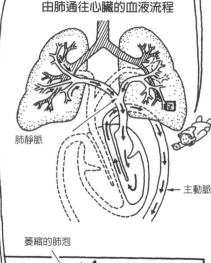

肺靜脈

主動脈

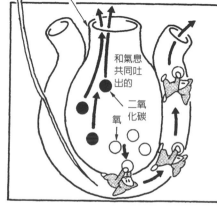

萎縮的肺泡

和氣息共同吐出的

二氧化碳

氧

【參考】運送氧的是紅血球中的血紅蛋白

在全身進行氧和二氧化碳交換的構造

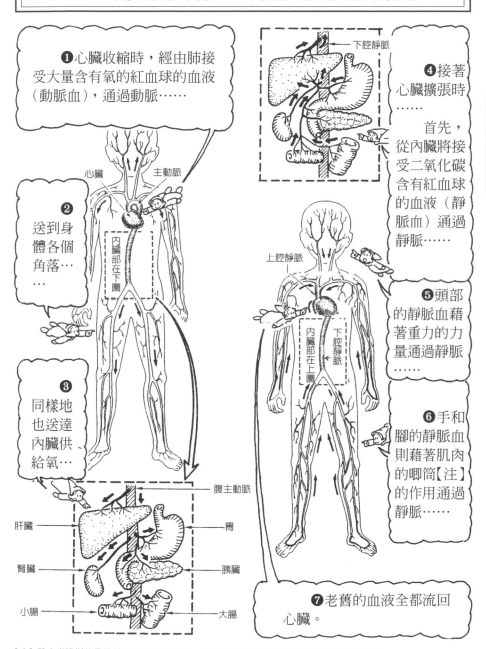

❶心臟收縮時，經由肺接受大量含有氧的紅血球的血液（動脈血），通過動脈……

❷送到身體各個角落……

❸同樣地也送達內臟供給氧…

❹接著心臟擴張時……

首先，從內臟將接受二氧化碳含有紅血球的血液（靜脈血）通過靜脈……

❺頭部的靜脈血藉著重力的力量通過靜脈……

❻手和腳的靜脈血則藉著肌肉的唧筒【注】的作用通過靜脈……

❼老舊的血液全都流回心臟。

心臟　主動脈

內臟部在下圖

上腔靜脈

下腔靜脈

內臟部在上圖

下腔靜脈

下腔靜脈

腹主動脈

肝臟

腎臟

小腸

胃

胰臟

大腸

❹呼吸器官的探險

【注】肌肉唧筒指的是藉著肌肉伸縮的力量，將血液推向心臟的構造（詳情請參照113頁）。

肺發揮作用的構造探險

▶ 空調器模型圖

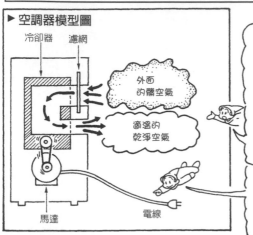

接下來要說一個比喻。

空調器去除了骯髒空氣中的灰塵，將溫度調節到剛剛好的狀態，進行淨化空氣的工作……

但是，如果沒有電力使機械運作，則無法進行工作……

▶ 肺構造模型圖

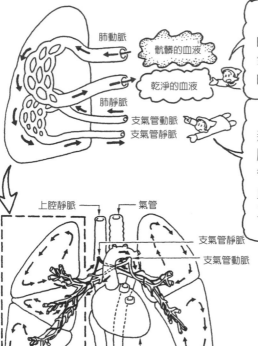

為了讓肺能夠進行從骯髒的血液中去除二氧化碳，給予氧，換成乾淨空氣（氣體交換）的工作……

所以，肺也需要能夠給予新鮮血液的血管（支氣管動脈），以及去除老舊血液的血管（支氣管靜脈），藉著這些血管之賜，肺才能很有元氣的工作。

藉由上記的說明，肺除了有肺動脈和肺靜脈之外，還有支氣管動脈和支氣管靜脈通過，這些正如左圖的氣管流程。

淨化吸入空氣的構造探險

從鼻子吸入的空氣通過氣管送到肺，然後如右所示，進行精巧的「清淨作用」。

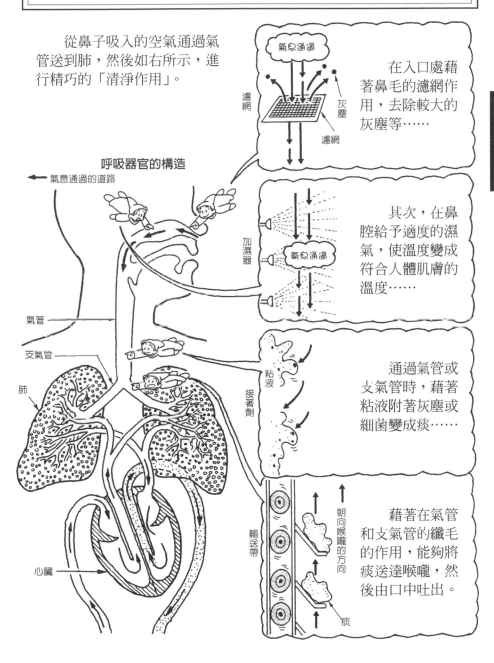

氣息通過

濾網　灰塵

濾網

在入口處藉著鼻毛的濾網作用，去除較大的灰塵等……

呼吸器官的構造

← 氣息通過的道路

加濕器

氣息通過

其次，在鼻腔給予適度的濕氣，使溫度變成符合人體肌膚的溫度……

氣管

支氣管

肺

粘液

接著劑

通過氣管或支氣管時，藉著粘液附著灰塵或細菌變成痰……

心臟

輸送帶

朝向喉嚨的方向

痰

藉著在氣管和支氣管的纖毛的作用，能夠將痰送達喉嚨，然後由口中吐出。

何謂肺活量？

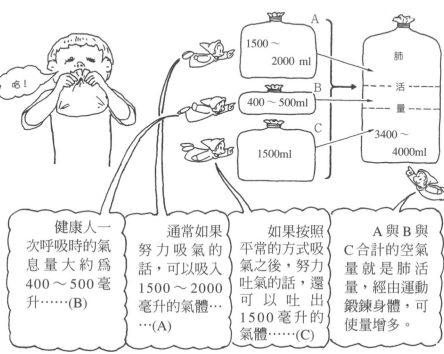

④ 呼吸器官的探險

A
1500～2000 ml

B
400～500ml

C
1500ml

肺
活
量

3400～4000ml

健康人一次呼吸時的氣息量大約為400～500毫升……(B)

通常如果努力吸氣的話，可以吸入1500～2000毫升的氣體……(A)

如果按照平常的方式吸氣之後，努力吐氣的話，還可以吐出1500毫升的氣體……(C)

A與B與C合計的空氣量就是肺活量，經由運動鍛鍊身體，可使量增多。

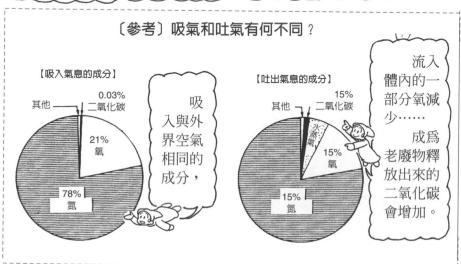

〔參考〕吸氣和吐氣有何不同？

【吸入氣息的成分】

其他
0.03% 二氧化碳
21% 氧
78% 氮

吸入與外界空氣相同的成分，

【吐出氣息的成分】

其他
15% 二氧化碳
水蒸氣
15% 氧
15% 氮

流入體內的一部分氧減少……

成為老廢物釋放出來的二氧化碳會增加。

呼吸構造的探險

呼吸具有以下所敘述的腹式呼吸與胸式呼吸兩種，通常這2種呼吸法是互相合作的。

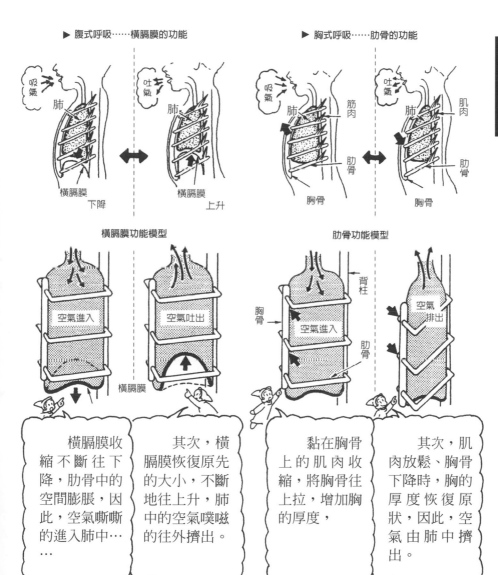

▶ 腹式呼吸……橫膈膜的功能

▶ 胸式呼吸……肋骨的功能

横膈膜功能模型

肋骨功能模型

　　橫膈膜收縮不斷往下降，肋骨中的空間膨脹，因此，空氣嘶嘶的進入肺中……

　　其次，橫膈膜恢復原先的大小，不斷地往上升，肺中的空氣噗嗞的往外擠出。

　　黏在胸骨上的肌肉收縮，將胸骨往上拉，增加胸的厚度，

　　其次，肌肉放鬆、胸骨下降時，胸的厚度恢復原狀，因此，空氣由肺中擠出。

❹ 呼吸器官的探險

咳嗽與打噴嚏構造的探險

④ 呼吸器官的探險

鼻腔

喉頭

氣管

大腦

延髓

❶吸氣時，將空氣中摻雜的感冒病菌或灰塵、化學物質等有害物質吸入……

❷的A……在鼻子的深處，會黏在鼻腔壁的黏膜上……

❷的B……再往深處鑽時，會附著在喉頭或氣管的黏膜上……

❸到達各黏膜，神經受到刺激，就會將訊號傳達到延髓……

❹從延髓出來，在自律神經發生作用，下達「利用強風趕走病毒」的命令，

❺藉著肋骨和橫膈膜的作用，強而有力的吐出「氣息」，趕走有害物質，
●A的情況……變成打噴嚏。
●B的情況……變成咳嗽。

〔參考〕打噴嚏時，病毒飛散的距離是6公尺，咳嗽時約為4公尺。

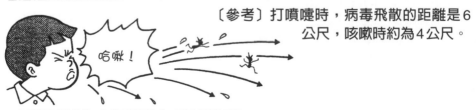

哈啾！

在打噴嚏或咳嗽時，為避免連累他人，要用手搗住口鼻。

發出聲音構造的探險

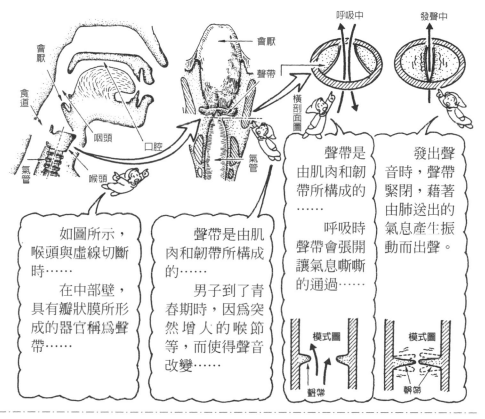

會厭

食道

咽頭　口腔

氣管

喉頭

會厭

聲帶

氣管

橫剖面圖

呼吸中

發聲中

如圖所示，喉頭與虛線切斷時……

在中部壁，具有瓣狀膜所形成的器官稱為聲帶……

聲帶是由肌肉和韌帶所構成的……

男子到了青春期時，因為突然增大的喉節等，而使得聲音改變……

聲帶是由肌肉和韌帶所構成的……

呼吸時聲帶會張開讓氣息嘶嘶的通過……

模式圖

聲帶

發出聲音時，聲帶緊閉，藉著由肺送出的氣息產生振動而出聲。

模式圖

聲帶

【參考】用樂器來比喻發出聲音的構造時……

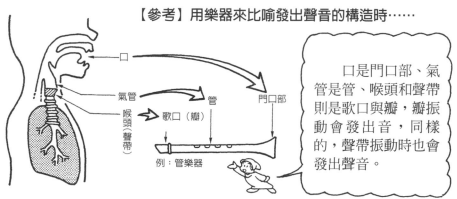

口

氣管　管

喉頭（聲帶）　歌口（瓣）

門口部

例：管樂器

口是門口部、氣管是管、喉頭和聲帶則是歌口與瓣，瓣振動會發出音，同樣的，聲帶振動時也會發出聲音。

第5章　循環器官系統・1

心臟的探險

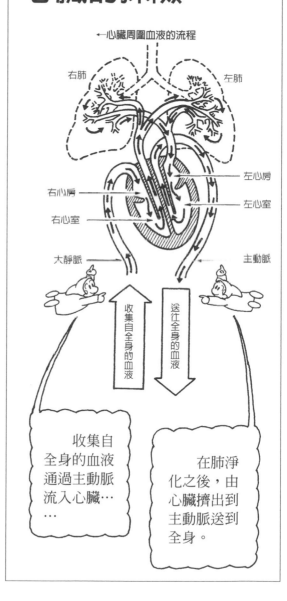

←心臟周圍血液的流程

右肺　　　　　　　　左肺

右心房　　　　　　　　左心房

左心室

右心室

大靜脈　　　　　　　　主動脈

收集自全身的血液

送往全身的血液

收集自全身的血液通過主動脈流入心臟……

在肺淨化之後，由心臟擠出到主動脈送到全身。

心臟位置與形狀的探險

很多人認為心臟是在胸的左側，但事實上，心臟是位於靠近中央的位置。

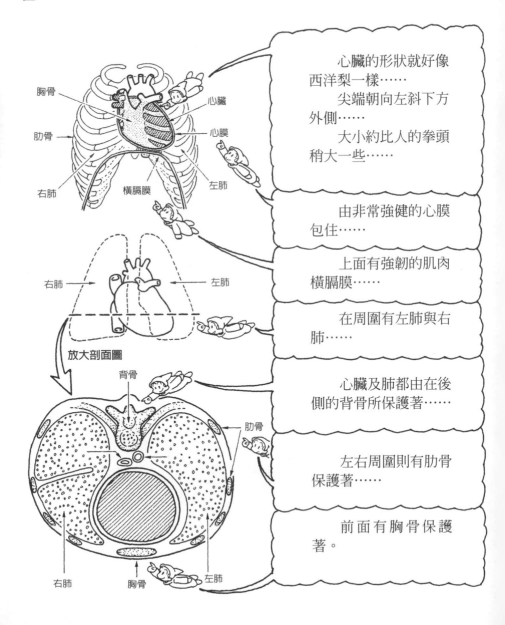

心臟的形狀就好像西洋梨一樣……

尖端朝向左斜下方外側……

大小約比人的拳頭稍大一些……

由非常強健的心膜包住……

上面有強韌的肌肉橫膈膜……

在周圍有左肺與右肺……

心臟及肺都由在後側的背骨所保護著……

左右周圍則有肋骨保護著……

前面有胸骨保護著。

心臟作用的探險

心臟有右心房、右心室、左心房、左心室等四個房間，如下圖模型圖所示。

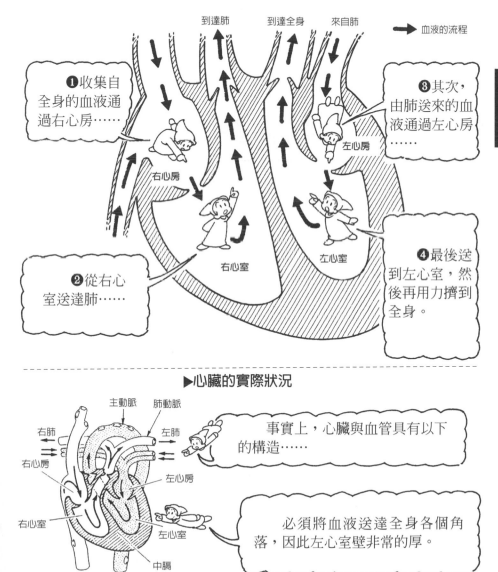

❶收集自全身的血液通過右心房……

❸其次，由肺送來的血液通過左心房……

❷從右心室送達肺……

❹最後送到左心室，然後再用力擠到全身。

右心房

右心室

左心房

左心室

到達肺　到達全身　來自肺

➡ 血液的流程

⑤ 心臟的探險

▶心臟的實際狀況

主動脈　肺動脈

右肺　左肺

右心房　左心房

右心室　左心室

中膈

事實上，心臟與血管具有以下的構造……

必須將血液送達全身各個角落，因此左心室壁非常的厚。

出入心臟的血管的探險

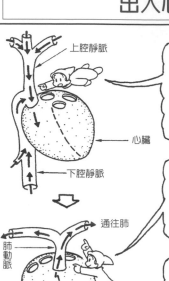

上腔靜脈

心臟

下腔靜脈

通往肺

肺
動
脈

來自肺

肺
靜
脈

❶**大靜脈**……老舊的血液在身體的上半身是由上腔靜脈收集，下半身和內臟則是由下腔靜脈收集，然後再進入心臟的右側……

❷**肺動脈**……從心臟的右側伸出，將老舊的血液送達肺的血管，稱爲肺動脈……

❸**肺靜脈**……在肺中丟掉二氧化碳、吸收氧（氣體交換），變成新鮮的血液，由肺送到心臟的血管稱爲肺靜脈……

　　進入心臟的左側……

主
動
脈

通往全身

❹**主動脈**……爲了能將新鮮的血液強而有力的送達全身各處，因此，主動脈是血管中最粗大的動脈，從心臟伸出，直徑達3㎝，非常厚且堅固。

好！接下來就來進行供養心臟的血管的探險吧！
　　快到次頁去！

供養心臟的構造的探險

心臟要進行將新鮮的血液運送到全身的工作……

但是「肚子餓根本無法作戰」，所以一定要供養心臟營養才行……

▶供給心臟營養的血管

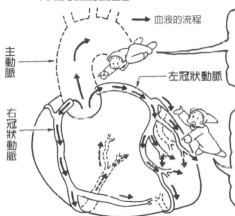

血液的流程

主動脈

右冠狀動脈

左冠狀動脈

請看這兒！
在主動脈根部有2條冠狀動脈……

就好像皇冠一樣包住心臟，有血管伸出，能夠供給心臟營養、新鮮的血液……

▶從心臟運出老舊血液的血管

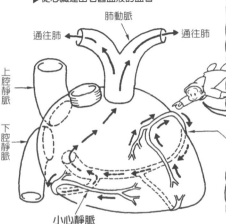

肺動脈

通往肺

通往肺

上腔靜脈

下腔靜脈

大心靜脈

小心靜脈

心臟使用過的老舊血液聚集在靜脈……，先流入心臟的右側部分（右心房），然後立刻由肺動脈送往肺進行氣體交換，變成新鮮的血液。

再接下來是進行心臟跳動的構造探險。

使心臟跳動的構造的探險

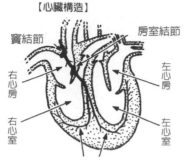

【心臟構造】

竇結節
房室結節
右心房
左心房
右心室
左心室

傳達電氣信號的神經（浦肯野纖維〈興奮傳導纖維〉）

心臟是24小時「全年無休」的持續跳動。

其原動力就是如左圖所示的，從竇結節與房室結節處所產生的電氣信號。

藉著這些電氣信號，心臟跳動的構造如下。

❺ 心臟的探險

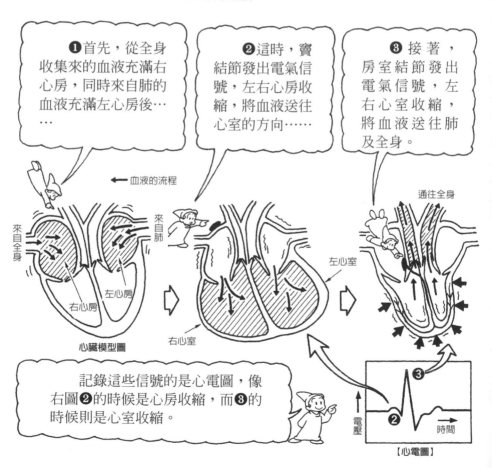

❶首先，從全身收集來的血液充滿右心房，同時來自肺的血液充滿左心房後……

❷這時，竇結節發出電氣信號，左右心房收縮，將血液送往心室的方向……

❸ 接著，房室結節發出電氣信號，左右心室收縮，將血液送往肺及全身。

←血液的流程

來自全身
來自肺

右心房
左心房
右心室
左心室

心臟模型圖

通往全身

記錄這些信號的是心電圖，像右圖❷的時候是心房收縮，而❸的時候則是心室收縮。

電壓
時間

【心電圖】

心臟瓣的構造探險

心臟像唧筒一樣，會吸入血液、將血液擠出，為了防止血液的逆流，因此要擁有瓣。

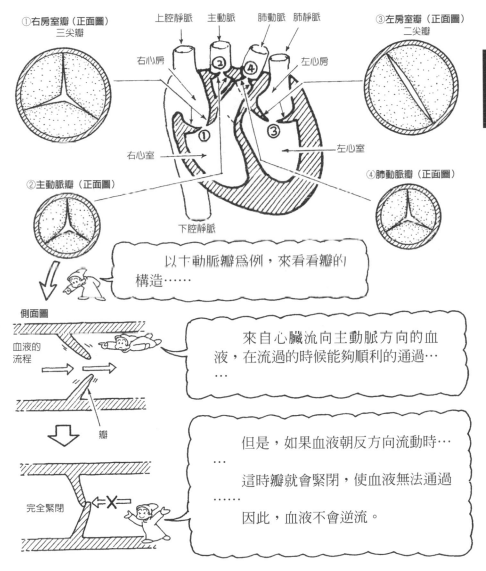

①右房室瓣（正面圖）
三尖瓣

上腔靜脈　主動脈　肺動脈　肺靜脈

③左房室瓣（正面圖）
二尖瓣

右心房

左心房

②

④

右心室

①

③

左心室

②主動脈瓣（正面圖）

下腔靜脈

④肺動脈瓣（正面圖）

⑤ 心臟的探險

以主動脈瓣為例，來看看瓣的構造……

側面圖

血液的流程

瓣

完全緊閉

來自心臟流向主動脈方向的血液，在流過的時候能夠順利的通過……

但是，如果血液朝反方向流動時……

這時瓣就會緊閉，使血液無法通過……

因此，血液不會逆流。

血壓構造的探險

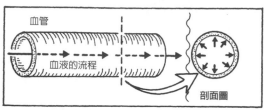

血液流入血管中時，按壓血管壁的力量（壓力）就稱為「血壓」。

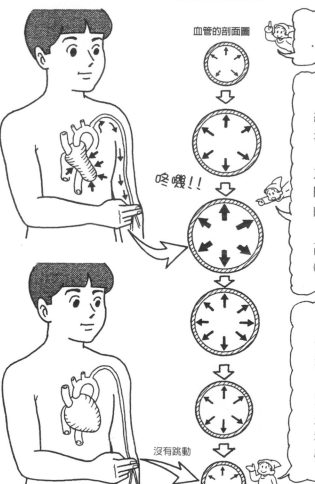

血壓有兩種……
……

心臟用力收縮，一氣呵成將血液送出時……
觸摸手肘內側或手腕等處的血管時，會有明顯跳動的現象……
這時的血壓最高，稱為最高血壓（收縮壓）……

然後心臟慢慢恢復原狀，血壓逐漸下降……
心臟完全恢復到原來的大小時，這時的血壓最低，稱為最小血壓（舒張壓）。

【參考1】最高血壓也稱為收縮期壓，最低血壓也稱為舒張期壓。
【參考2】血壓是以〔血壓〕＝〔來自心臟的拍出量〕×〔對於小動脈的抵抗〕的方式來表示。

第6章 循環器官系統·2
血管的探險

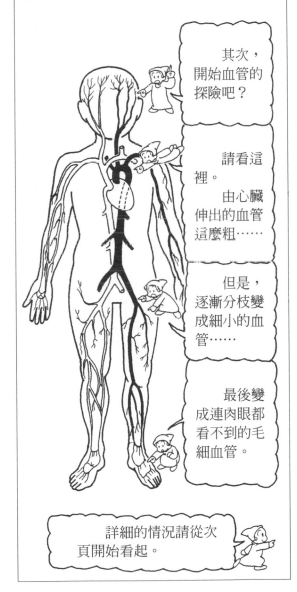

其次，開始血管的探險吧？

請看這裡。
由心臟伸出的血管這麼粗……

但是，逐漸分枝變成細小的血管……

最後變成連肉眼都看不到的毛細血管。

詳細的情況請從次頁開始看起。

動脈粗細的探險

從心臟伸出，將血液送達全身的血管稱為動脈，切面是圓形的。

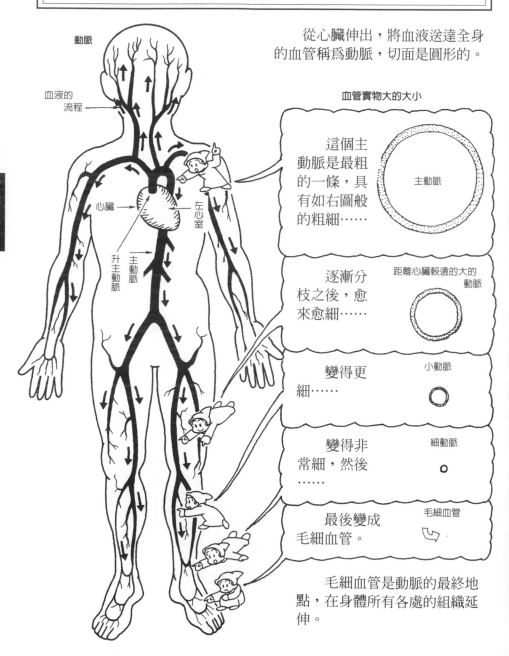

動脈

血液的流程

心臟

左心室

升主動脈

主動脈

血管實物大的大小

這個主動脈是最粗的一條，具有如右圖般的粗細……

主動脈

逐漸分枝之後，愈來愈細……

距離心臟較遠的大的動脈

變得更細……

小動脈

變得非常細，然後……

細動脈

最後變成毛細血管。

毛細血管

毛細血管是動脈的最終地點，在身體所有各處的組織延伸。

6 血管的探險

靜脈粗細的探險

從全身朝心臟的方向收集血液的血管稱為靜脈，剖面比動脈更薄、更平坦。

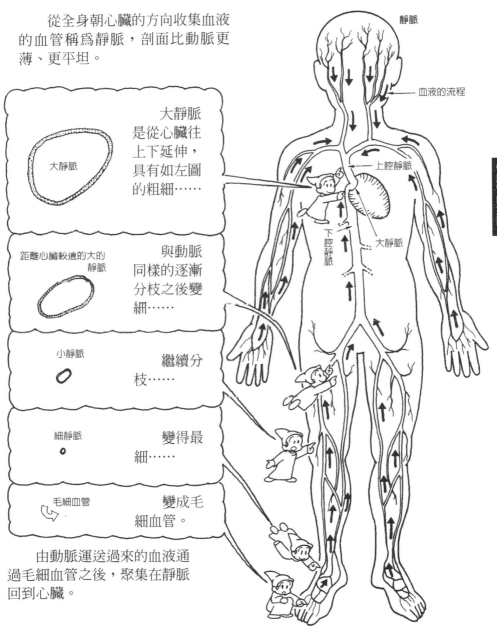

大靜脈

大靜脈是從心臟往上下延伸，具有如左圖的粗細……

距離心臟較遠的大的靜脈

與動脈同樣的逐漸分枝之後變細……

小靜脈

繼續分枝……

細靜脈

變得最細……

毛細血管

變成毛細血管。

靜脈

血液的流程

上腔靜脈

下腔靜脈

大靜脈

❻ 血管的探險

由動脈運送過來的血液通過毛細血管之後，聚集在靜脈回到心臟。

動脈運送血液構造的探險

動脈如左圖所示，具有以下三個特徵。

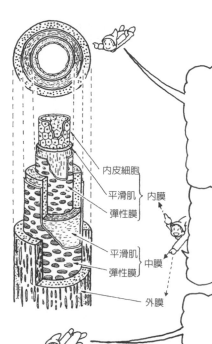

內皮細胞
平滑肌
彈性膜 〉內膜
平滑肌
彈性膜 〉中膜
外膜

請看，這裡是誇張的描述動脈血管壁厚度的模型圖，特徵是……
❶剖面的形狀是圓形……
❷比靜脈更厚……

❸由內膜、中膜、外膜等三層構成……
中膜與內膜具有彈性，容易伸縮……

依血管壁彈性的不同來說明一下輸送血管的構造……

〔運送血管的構造〕心臟唧筒作用

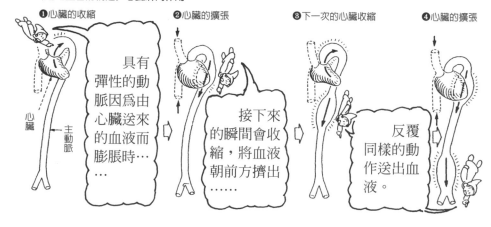

❶心臟的收縮

心臟
主動脈

具有彈性的動脈因為由心臟送來的血液而膨脹時……

❷心臟的擴張

接下來的瞬間會收縮，將血液朝前方擠出……

❸下一次的心臟收縮

❹心臟的擴張

反覆同樣的動作送出血液。

靜脈送出血液構造的探險

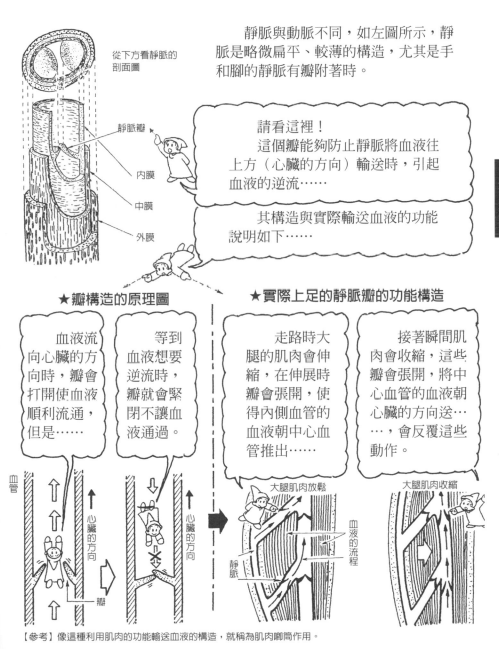

靜脈與動脈不同，如左圖所示，靜脈是略微扁平、較薄的構造，尤其是手和腳的靜脈有瓣附著時。

從下方看靜脈的剖面圖

靜脈瓣
內膜
中膜
外膜

請看這裡！
這個瓣能夠防止靜脈將血液往上方（心臟的方向）輸送時，引起血液的逆流……

其構造與實際輸送血液的功能說明如下……

★瓣構造的原理圖

血液流向心臟的方向時，瓣會打開使血液順利流通，但是……

等到血液想要逆流時，瓣就會緊閉不讓血液通過。

★實際上足的靜脈瓣的功能構造

走路時大腿的肌肉會伸縮，在伸展時瓣會張開，使得內側血管的血液朝中心血管推出……

接著瞬間肌肉會收縮，這些瓣會張開，將中心血管的血液朝心臟的方向送……，會反覆這些動作。

血管

心臟的方向

心臟的方向

瓣

大腿肌肉放鬆

靜脈

血液的流程

大腿肌肉收縮

【參考】像這種利用肌肉的功能輸送血液的構造，就稱為肌肉唧筒作用。

毛細血管構造的探險

毛細血管是直徑100分之1毫米左右，非常細小的血管，分布於皮膚、肌肉、內臟以及骨中、頭髮和指甲的根部、牙齒等各處。

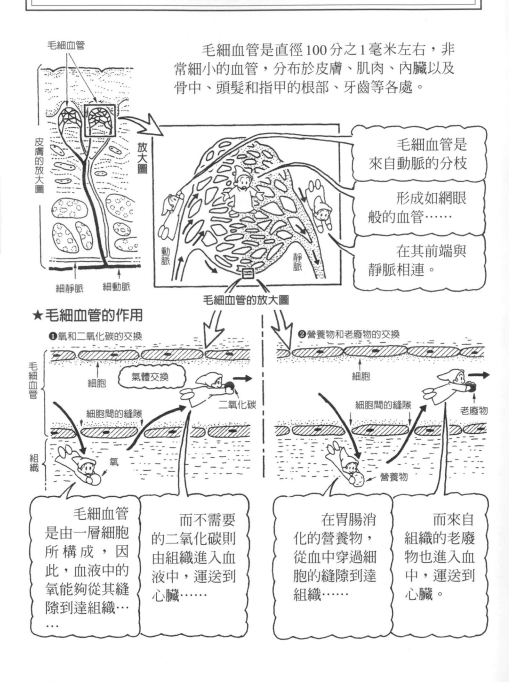

毛細血管是來自動脈的分枝

形成如網眼般的血管……

在其前端與靜脈相連。

★毛細血管的作用

❶氧和二氧化碳的交換

氣體交換

二氧化碳

氧

❷營養物和老廢物的交換

老廢物

營養物

毛細血管是由一層細胞所構成，因此，血液中的氧能夠從其縫隙到達組織……

而不需要的二氧化碳則由組織進入血液中，運送到心臟……

在胃腸消化的營養物，從血中穿過細胞的縫隙到達組織……

而來自組織的老廢物也進入血中，運送到心臟。

第7章

血液的探險

接下來要進行血液世界的探險。

將1滴血液滴在玻璃板（載玻片）上，用顯微鏡放大來觀察……

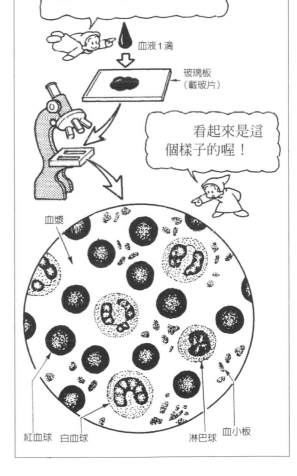

血液1滴

玻璃板（載玻片）

看起來是這個樣子的喔！

血漿

紅血球　白血球　淋巴球　血小板

血液成分的探險

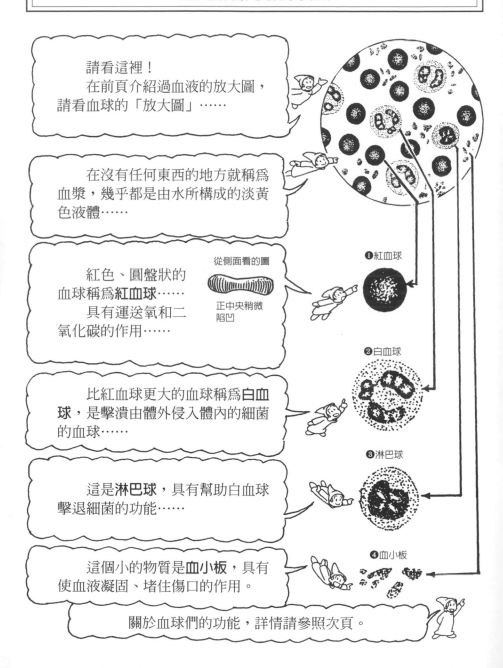

請看這裡！
在前頁介紹過血液的放大圖，請看血球的「放大圖」……

在沒有任何東西的地方就稱為血漿，幾乎都是由水所構成的淡黃色液體……

紅色、圓盤狀的血球稱為**紅血球**……
具有運送氧和二氧化碳的作用……

❶紅血球

從側面看的圖

正中央稍微陷凹

比紅血球更大的血球稱為**白血球**，是擊潰由體外侵入體內的細菌的血球……

❷白血球

這是**淋巴球**，具有幫助白血球擊退細菌的功能……

❸淋巴球

這個小的物質是**血小板**，具有使血液凝固、堵住傷口的作用。

❹血小板

關於血球們的功能，詳情請參照次頁。

❼
血
液
的
探
險

紅血球作用的探險

【紅血球的形狀】
俯視圖

我們住在紅血球當中，叫做血紅蛋白。
我們以鐵爲成分所構成，現在就來說明一下
我們的性質吧……

從側面看的圖

氧

在氧較多的
地方，較容易與
氧結合，變成明
亮的紅色……

二氧化碳

相反的，在二氧
化碳較多的地方，較
容易與二氧化碳結
合，變成暗紅色……

（右肺省略）

在肺中氧
較多，因此，
會離開二氧化
碳……

但是，接
受氧之後會變
成明亮的紅
色，朝身體組
織方向前進…
…

心臟

紅血球

肺中

二氧化碳 ●● ○ 氧

身體的
毛細血管

身體的
組織

二氧化碳 ●● ○ 氧

因爲身體組織的
二氧化碳較多，因
此，給予組織氧……

取而代之則是
接受二氧化碳，運
送到肺。

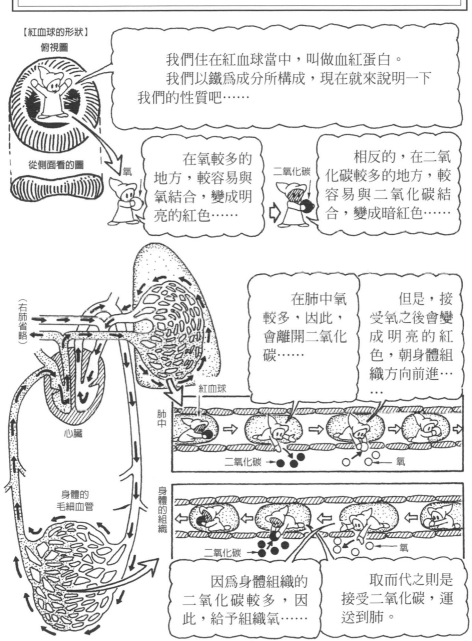

紅血球的一生的探險……小便、大便是黃色的理由

紅血球在出生約四個月後，會在脾臟和骨髓被破壞掉且溶解。

結果，紅血球中的血紅蛋白會變成黃色物質膽紅素。

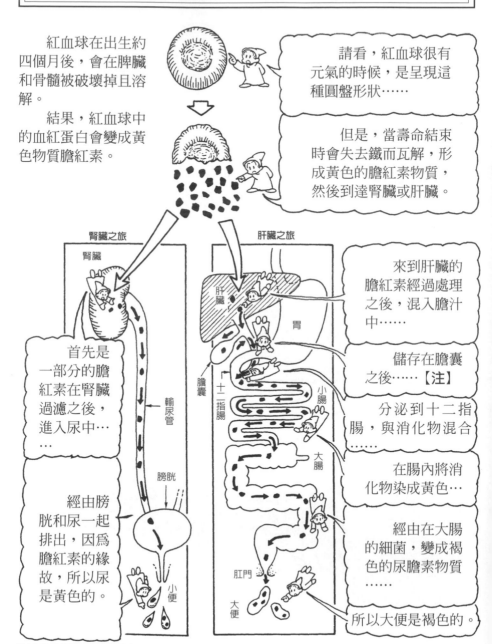

請看，紅血球很有元氣的時候，是呈現這種圓盤形狀……

但是，當壽命結束時會失去鐵而瓦解，形成黃色的膽紅素物質，然後到達腎臟或肝臟。

腎臟之旅

腎臟

肝臟之旅

肝臟

胃

來到肝臟的膽紅素經過處理之後，混入膽汁中……

首先是一部分的膽紅素在腎臟過濾之後，進入尿中……

膽囊

十二指腸

小腸

儲存在膽囊之後……【注】

分泌到十二指腸，與消化物混合……

輸尿管

大腸

在腸內將消化物染成黃色…

膀胱

經由膀胱和尿一起排出，因為膽紅素的緣故，所以尿是黃色的。

經由在大腸的細菌，變成褐色的尿膽素物質……

肛門

小便

大便

所以大便是褐色的。

【注】有時肝臟也會直接將膽汁分泌到十二指腸。

嘴唇及臉頰顏色的探險

健康人
……紅潤度增加、血色良好

臉頰和嘴唇血管的放大圖

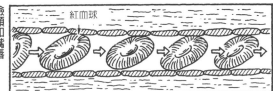

健康人的血液攝取氧時，會變成明亮的紅色，因爲紅血球較多，所以血色很好……

紅血球

不健康的人……臉色蒼白、血色不好

臉頰和嘴唇血管的放大圖

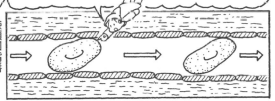

但是不健康人的血液，因爲紅血球中沒有氧或紅血球較少，所以血色較差。

❼ 血液的探險

【足】

【手】

（內側）

靜脈

靜脈

【參考】手腳的血管為什麼看起來是藍色的？

手腳表面浮現的是靜脈。

靜脈中血液的紅血球已經將氧送達身體的各組織，所以會呈現暗紅色……

這個暗紅色透過皮膚來看，就是藍色的。

白血球種類的探險

　　白血球被染色液染色之後，會出現如下圖所示的姿態，但因其姿態不同，可分為幾種。

首先，來說明這一群……

　在細胞中看起來是顆粒狀的，稱為顆粒性白血球。

另一方面，這一群則是……

　與左邊的這一群不同，沒有看到顆粒，所以稱為無顆粒性白血球。

〔顆粒性白血球〕

❶嗜中性白細胞

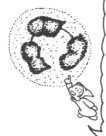

這個東西稱為嗜中性白細胞，具有吞食掉從體外侵入體內的壞的細菌的作用，在顆粒性白血球中數目最多……

❷嗜酸性白細胞

❸嗜鹼性白細胞

被染色液染紅之後的嗜酸性白細胞和嗜鹼性白細胞，其作用不明，不過據說和過敏有關。

〔無顆粒性白血球〕

❹單核細胞（巨噬細胞）

這些單核細胞與嗜中性白細胞同樣，具有吞食細胞的作用……

❺淋巴球

這是淋巴球，在殺死細胞時成為輔助者。

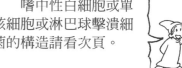

嗜中性白細胞或單核細胞或淋巴球擊潰細菌的構造請看次頁。

【參考】嗜中性白細胞的中性、嗜酸性白細胞的酸性、嗜鹼性白細胞的鹼性等的稱呼，是因為容易被色素染色而有這樣的稱呼。

⑦ 血液的探險

白血球作用的探險

●單核細胞（巨噬細胞）的作用

單核細胞聚集在骨髓、脾臟的特別血管中，捕捉細菌或異物等，並加以處理，同時將老舊的紅血球變成膽紅素。（或是循環組織中的單核細胞，具有如下記嗜中性白細胞的作用。）

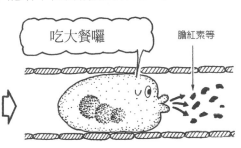

●淋巴球、嗜中性白細胞的作用

▶ 細菌入侵時……

當細菌入侵時，淋巴球會製造出抗體包住細菌並將其擊潰，而嗜中性白細胞則會引出抗體，吃掉細菌並加以處理。

▶當同樣的細菌再度侵入時

這時淋巴球會立刻產生抗體，讓嗜中性白細胞把細菌吃掉【注】。

【注】因此，這種擊退細菌的構造就稱為免疫反應，詳情請參照133～134頁。

膿的真相

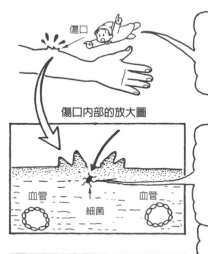

接下來調查一下，在傷口所形成的膿的真相到底是什麼？

●細菌的話

我們是在空氣中飄動的細菌。發現潮濕的傷口，就從這裡進入體內吧……

遍撒毒素，同時不斷增加。

●白血球的話

我們是白血球，糟糕了！糟糕了！喂！喂！同志啊！趕緊鑽出血管……

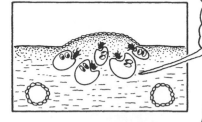

和細菌們作戰，把它們吃掉吧！

●膿的真相

……就這樣和細菌作戰之後，戰死的白血球和細菌的屍體不斷地堆積，形成傷口的膿。

接著，探討血液誕生的祕密。

血液形成構造的探險

骨中有如蜂窩狀的小房間，裡面積存著紅色的骨髓，這個骨髓就是製造血液中成分的「工廠」。

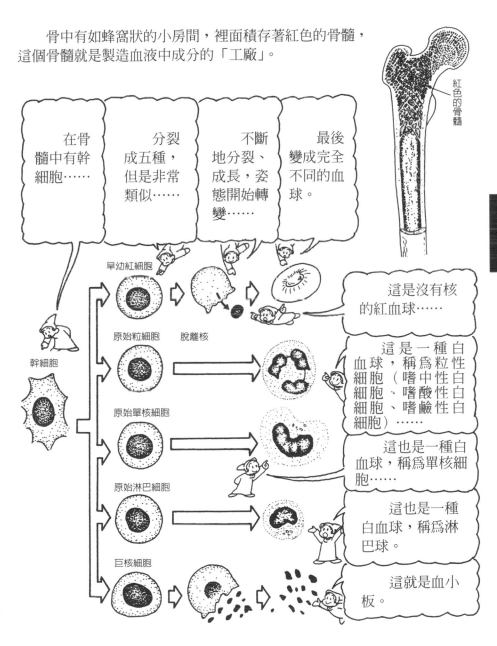

紅色的骨髓

在骨髓中有幹細胞……

分裂成五種，但是非常類似……

不斷地分裂、成長，姿態開始轉變……

最後變成完全不同的血球。

早幼紅細胞

原始粒細胞　脫離核

幹細胞

原始單核細胞

原始淋巴細胞

巨核細胞

這是沒有核的紅血球……

這是一種白血球，稱為粒性細胞（嗜中性白細胞、嗜酸性白細胞、嗜鹼性白細胞）……

這也是一種白血球，稱為單核細胞……

這也是一種白血球，稱為淋巴球。

這就是血小板。

⑦ 血液的探險

血小板作用的探險

血液中最小的就是血小板。

血管
血小板　紅血球

首先來看這裡。
　　如果這一部分的血管斷裂，形成傷口的話……

就會有血液從傷口溢出……

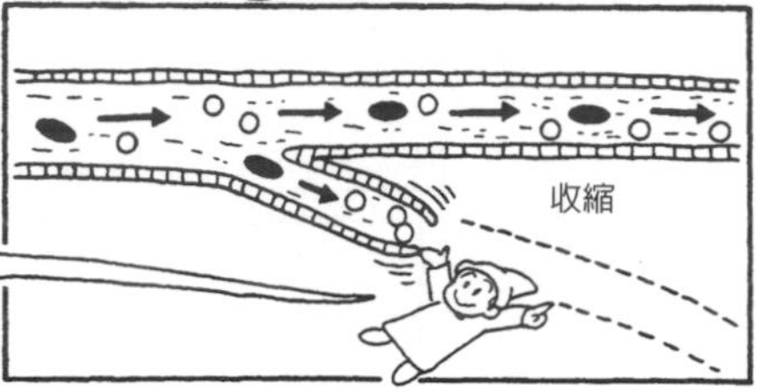

這時被切斷的血管，收縮，堵住傷口之後……

收縮

血小板心想：「發生大事了！」趕緊將游離在血液中的一種蛋白質變成纖維狀，填補在傷口……

紅血球和白血球全都聚集過來，在血管內部形成栓（血栓），就能夠停止出血。

❼
血
液
的
探
險

【參考】製造血栓的構造以及破壞多餘血栓構造的主角，是一種稱為血管內皮細胞的細胞。

血漿作用的探險

★何謂血漿？……將血液處理成不會凝結成塊的物質，放置一段時間之後，會形成如下圖所示的沈澱物（血球）以及上方澄清的液體，而上方澄清的物體就稱為血漿。

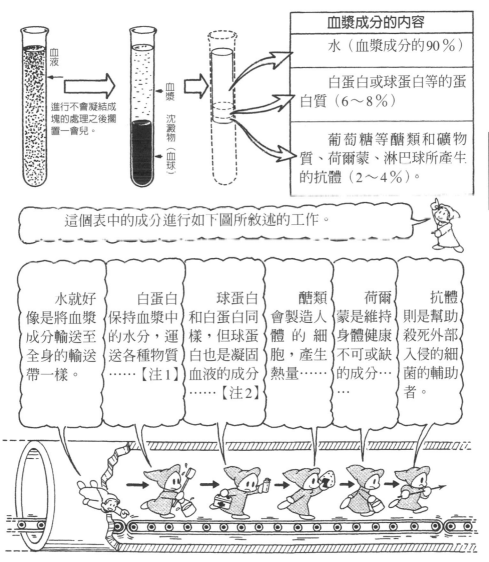

血漿成分的內容
水（血漿成分的90％）
白蛋白或球蛋白等的蛋白質（6～8％）
葡萄糖等醣類和礦物質、荷爾蒙、淋巴球所產生的抗體（2～4％）。

這個表中的成分進行如下圖所敘述的工作。

水就好像是將血漿成分輸送至全身的輸送帶一樣。

白蛋白保持血漿中的水分，運送各種物質……【注1】

球蛋白和白蛋白同樣，但球蛋白也是凝固血液的成分……【注2】

醣類會製造人體的細胞，產生熱量……

荷爾蒙是維持身體健康不可或缺的成分……

抗體則是幫助殺死外部入侵的細菌的輔助者。

【注1】運送脂肪酸或膽紅素等。
【注2】除了運送維他命和荷爾蒙之外，也是製造抗體重要的成分。

⑦ 血液的探險

血清作用的探險

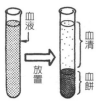

血液 放置 血清 血餅

　　　　將血液放置一段長時間時，血球或血漿中的凝固成分凝固成沈澱物血餅，還有上方的澄清液體。上方的澄清液體稱為血清，血清如以下所述，具有非常重要的作用。

❶製造用來幫助治療疾病的「血清」的方法

當細菌由傷口進入時……

體內血液中的淋巴球和白血球發現到細菌……

首先，淋巴球會製造出抗體包住細菌……

而抗體成為標識，白血球會靠近細菌將其吃掉，避免發病……

抗體殘留在血清當中。

細菌　淋巴球　白血球

抗體

吃掉、吃掉

❷血清的使用方法

如果如❶圖所示的細菌，進入體力較弱的人體內時

淋巴球不具有製造抗體的力量，而白血球也無法發揮作用時……

注射❶的血清就能夠使裡面的抗體包住細菌，

白血球就會接近，吃掉細菌。

細菌　淋巴球　白血球

抗體

吃掉、吃掉

【參考】即血清就是從血液中去除如血餅的纖維素源（纖維蛋白原）而形成的。

血液構成的探險

當細菌侵入人體時，淋巴球會產生化學物質「抗體」，防衛身體。

製造這個「抗體」的原因物質稱為抗原。而在抗原中一旦混入他人的血液，就會凝固，總共有10幾種之多。

依抗原的不同而區分血型時，代表的種類為ABO式。

〔由ABO式來看「可以輸血」的血型〕→輸血的方向

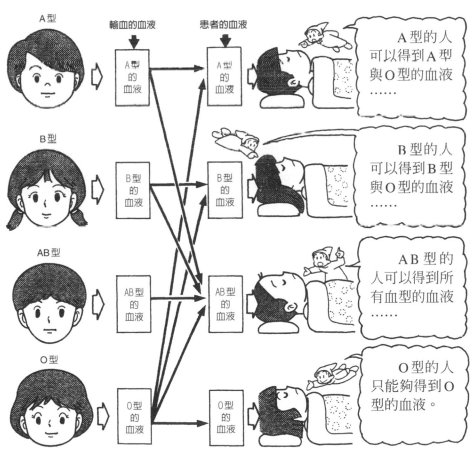

A型
輸血的血液　患者的血液

A型的人可以得到A型與O型的血液……

B型

B型的人可以得到B型與O型的血液……

AB型

AB型的人可以得到所有血型的血液……

O型

O型的人只能夠得到O型的血液。

⑦ 血液的探險

【參考】但實際上，原則上要輸給患者同血型的血液。

脾臟作用的探險

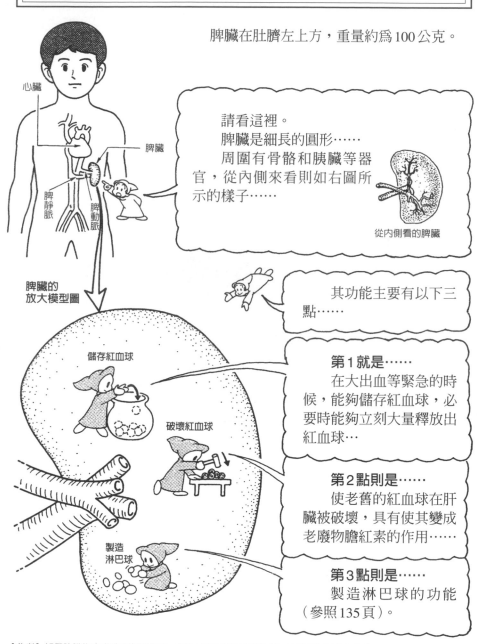

脾臟在肚臍左上方，重量約爲100公克。

請看這裡。
脾臟是細長的圓形……
周圍有骨骼和胰臟等器官，從內側來看則如右圖所示的樣子……

從內側看的脾臟

其功能主要有以下三點……

第1就是……
在大出血等緊急的時候，能夠儲存紅血球，必要時能夠立刻大量釋放出紅血球…

第2點則是……
使老舊的紅血球在肝臟被破壞，具有使其變成老廢物膽紅素的作用……

第3點則是……
製造淋巴球的功能（參照135頁）。

心臟

脾臟

脾靜脈

脾動脈

脾臟的放大模型圖

儲存紅血球

破壞紅血球

製造淋巴球

【參考】如果脾臟生病或動手術切除時，由於骨髓具有同樣的功能，所以不至於危及生命。

第8章
淋巴系統的探險

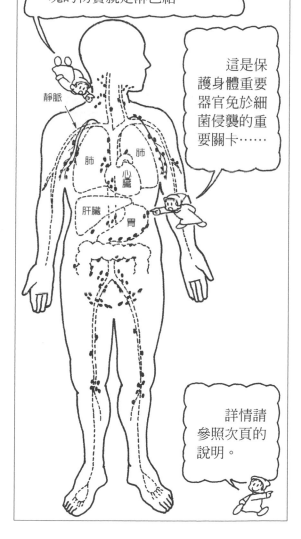

請看這裡。這個凸起的一塊一塊的物質就是淋巴結……

這是保護身體重要器官免於細菌侵襲的重要關卡……

靜脈

肺　肺
心臟
肝臟　胃

詳情請參照次頁的說明。

淋巴系統概要的探險

在人體中除了血管之外，還有一種管遍及全身。

這個管是細小透明的，稱為淋巴管。

裡面有略帶黃色的透明液體不斷的流通，稱為淋巴液。

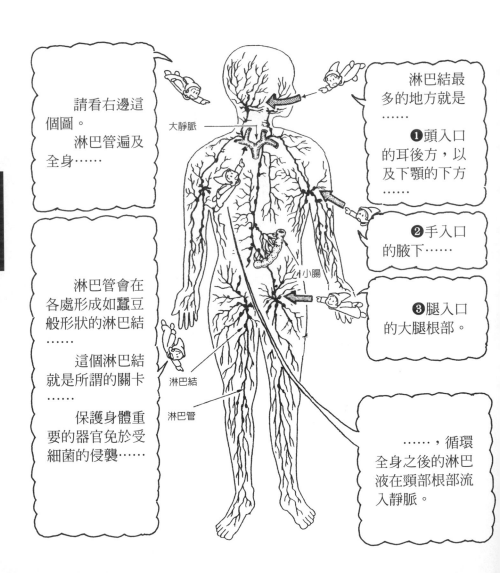

請看右邊這個圖。

淋巴管遍及全身……

淋巴管會在各處形成如蠶豆般形狀的淋巴結……

這個淋巴結就是所謂的關卡……

保護身體重要的器官免於受細菌的侵襲……

大靜脈

小腸

淋巴結

淋巴管

淋巴結最多的地方就是……

❶頭入口的耳後方，以及下顎的下方……

❷手入口的腋下……

❸腿入口的大腿根部。

……，循環全身之後的淋巴液在頸部根部流入靜脈。

淋巴液成分的探險

人體是由細胞這個非常小的組織所構成的。

細胞間有非常細小的毛細血管和淋巴管，如網眼般遍佈。

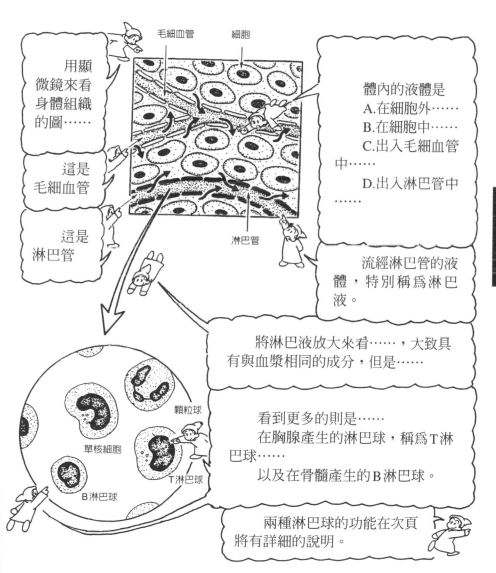

用顯微鏡來看身體組織的圖……

毛細血管　細胞

這是毛細血管

這是淋巴管

體內的液體是
A.在細胞外……
B.在細胞中……
C.出入毛細血管中……
D.出入淋巴管中……

淋巴管

流經淋巴管的液體，特別稱為淋巴液。

將淋巴液放大來看……，大致具有與血漿相同的成分，但是……

顆粒球

單核細胞

T淋巴球

B淋巴球

看到更多的則是……
在胸腺產生的淋巴球，稱為T淋巴球……
以及在骨髓產生的B淋巴球。

兩種淋巴球的功能在次頁將有詳細的說明。

淋巴球種類的探險

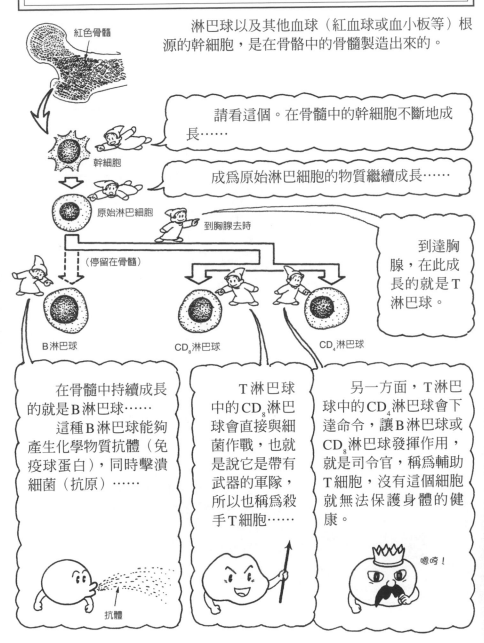

紅色骨髓

淋巴球以及其他血球（紅血球或血小板等）根源的幹細胞，是在骨骼中的骨髓製造出來的。

幹細胞

請看這個。在骨髓中的幹細胞不斷地成長……

原始淋巴細胞

成為原始淋巴細胞的物質繼續成長……

到胸腺去時

（停留在骨髓）

到達胸腺，在此成長的就是T淋巴球。

B淋巴球　　　　CD$_8$淋巴球　　　　CD$_4$淋巴球

在骨髓中持續成長的就是B淋巴球……
這種B淋巴球能夠產生化學物質抗體（免疫球蛋白），同時擊潰細菌（抗原）……

抗體

T淋巴球中的CD$_8$淋巴球會直接與細菌作戰，也就是說它是帶有武器的軍隊，所以也稱為殺手T細胞……

另一方面，T淋巴球中的CD$_4$淋巴球會下達命令，讓B淋巴球或CD$_8$淋巴球發揮作用，就是司令官，稱為輔助T細胞，沒有這個細胞就無法保護身體的健康。

嗯哼！

❽淋巴系統的探險

【參考】CD$_8$淋巴球T$_8$淋巴球，CD$_4$淋巴球也稱為T$_4$淋巴球。

前頁所介紹的 B 淋巴球和 CD_8 淋巴球，其擊潰外來細菌的方式是不同的。

首先來看 B 淋巴球作戰的方式。

我們是在胸腺訓練過的 CD_4 淋巴球。咦？什麼？有奇怪的傢伙入侵？喂！B 淋巴球和嗜中性白細胞（白血球的同類），趕緊從淋巴管出來吧！

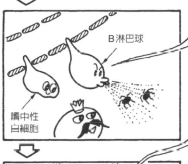

遵命。我們 B 淋巴球會產生化學物質抗體，包圍細菌……

我們這些嗜中性白細胞是以抗體為目標，會吃掉細菌將其擊潰。

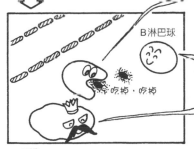

謝謝！謝謝！嗜中性白細胞。

好極了！好極了！你們幹得好。

你們聽好。

我們已經記住了被擊潰細菌的毒，等到下次同樣的傢伙再入侵時，聽到我們的命令，你們要立刻擊潰他們喔！

好！知道了！

【參考】除了嗜中性白細胞之外的單核細胞，同樣也會以抗體為標識，吞食掉細菌。由 B 淋巴球所產生的免疫反應稱為體液性免疫。

CD$_8$淋巴球和B淋巴球同樣的，遵從CD$_4$淋巴球的命令，與細菌作戰。但是與B淋巴球不同的就是，CD$_8$淋巴球不須借助嗜中性白細胞的力量，就可直接與細菌作戰。

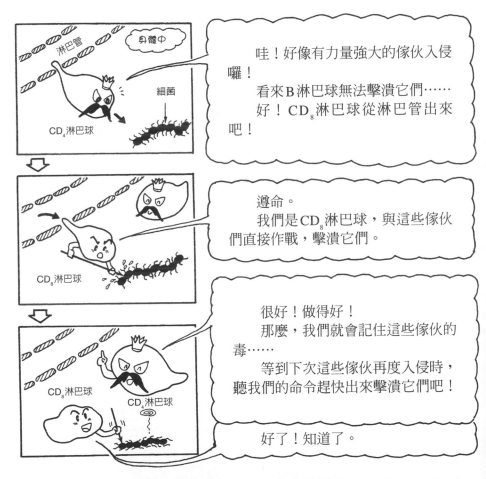

就這樣，侵入體內的細菌被活躍的淋巴球擊潰了。

將來同樣的細菌再度侵入時，淋巴球們就會立刻發現，同時加以擊潰，這個構造就稱為免疫反應。

淋巴球中的CD$_8$淋巴球會擊潰細菌或癌細胞等，B淋巴球則會擊潰病毒等等。

【參考】CD$_8$淋巴球所產生的免疫反應，稱為細胞性免疫。

淋巴球「戰場」的探險

▶淋巴球大量聚集處（粗字）

淋巴球大量聚集在一起，稱為淋巴臟器。

淋巴臟器如左圖所示，包括淋巴結、扁桃、脾臟、闌尾、胸腺、骨髓等。

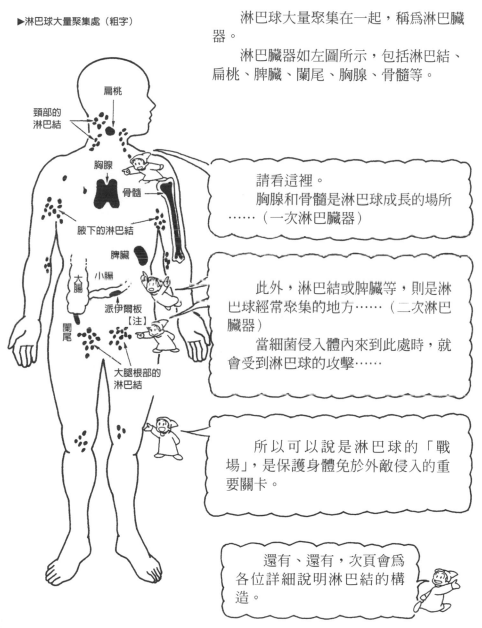

扁桃
頸部的淋巴結
胸腺
骨髓
腋下的淋巴結
脾臟
小腸
大腸
派伊爾板【注】
闌尾
大腿根部的淋巴結

請看這裡。
胸腺和骨髓是淋巴球成長的場所……（一次淋巴臟器）

此外，淋巴結或脾臟等，則是淋巴球經常聚集的地方……（二次淋巴臟器）
當細菌侵入體內來到此處時，就會受到淋巴球的攻擊……

所以可以說是淋巴球的「戰場」，是保護身體免於外敵侵入的重要關卡。

還有、還有，次頁會為各位詳細說明淋巴結的構造。

❽ 淋巴系統的探險

【參考】派伊爾板（淋巴板）是指在小腸黏膜的小隆起（顆粒）。

淋巴結的探險

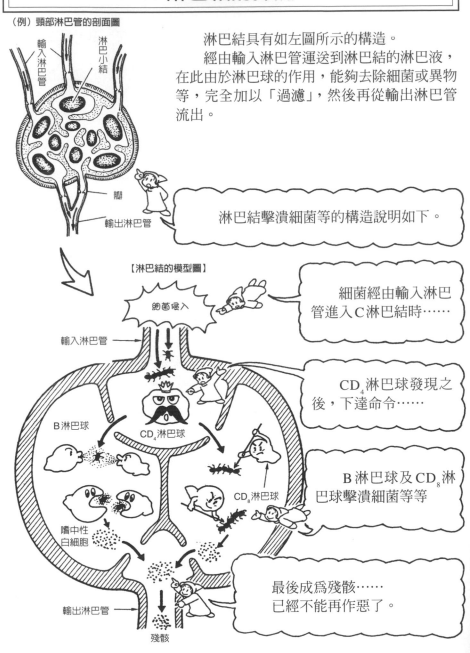

（例）頸部淋巴管的剖面圖

輸入淋巴管
淋巴小結
瓣
輸出淋巴管

淋巴結具有如左圖所示的構造。

經由輸入淋巴管運送到淋巴結的淋巴液，在此由於淋巴球的作用，能夠去除細菌或異物等，完全加以「過濾」，然後再從輸出淋巴管流出。

淋巴結擊潰細菌等的構造說明如下。

【淋巴結的模型圖】

細菌侵入

輸入淋巴管

B淋巴球
CD₄淋巴球
CD₈淋巴球
嗜中性白細胞
輸出淋巴管
殘骸

細菌經由輸入淋巴管進入C淋巴結時⋯⋯

CD_4淋巴球發現之後，下達命令⋯⋯

B淋巴球及CD_8淋巴球擊潰細菌等等

最後成為殘骸⋯⋯已經不能再作惡了。

8 淋巴系統的探險

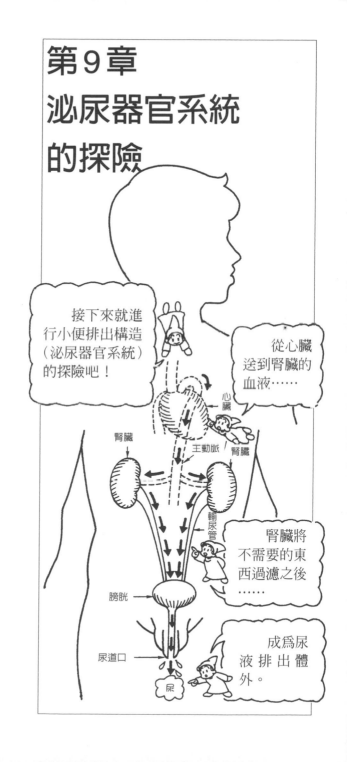

腎臟位置的探險

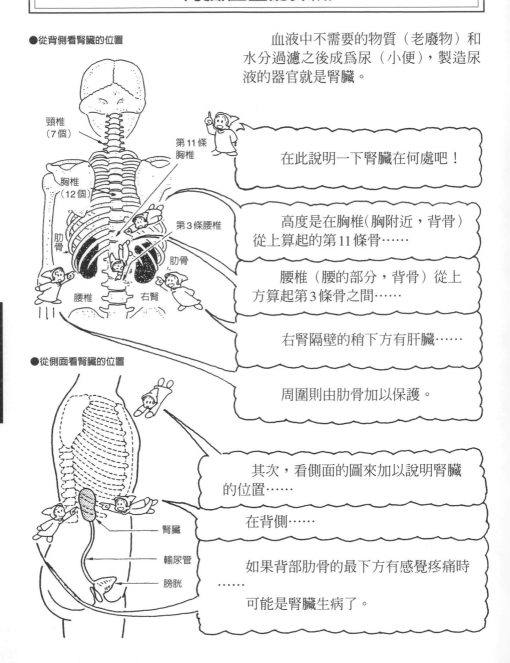

●從背側看腎臟的位置

頸椎
（7個）

第11條
胸椎

胸椎
（12個）

肋骨

第3條腰椎

肋骨

腰椎　右腎

●從側面看腎臟的位置

腎臟

輸尿管

膀胱

血液中不需要的物質（老廢物）和水分過濾之後成爲尿（小便），製造尿液的器官就是腎臟。

在此說明一下腎臟在何處吧！

高度是在胸椎（胸附近，背骨）從上算起的第11條骨……

腰椎（腰的部分，背骨）從上方算起第3條骨之間……

右腎隔壁的稍下方有肝臟……

周圍則由肋骨加以保護。

其次，看側面的圖來加以說明腎臟的位置……

在背側……

如果背部肋骨的最下方有感覺疼痛時……

可能是腎臟生病了。

⑨泌尿器官系統的探險

腎臟構造的探險

腎臟是形狀如蠶豆的器官。　　　　10公分。
成人腎臟的大小直徑最長約　　　　　重約120公克。

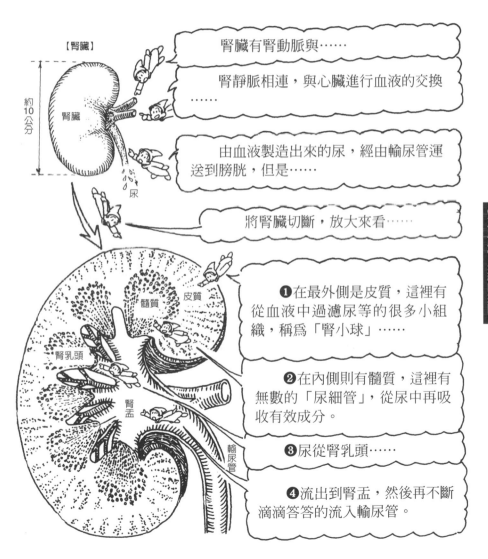

【腎臟】

腎臟

約10公分

尿

腎臟有腎動脈與……

腎靜脈相連，與心臟進行血液的交換……

由血液製造出來的尿，經由輸尿管運送到膀胱，但是……

將腎臟切斷，放大來看……

髓質　皮質

腎乳頭

腎盂

輸尿管

❶在最外側是皮質，這裡有從血液中過濾尿等的很多小組織，稱為「腎小球」……

❷在內側則有髓質，這裡有無數的「尿細管」，從尿中再吸收有效成分。

❸尿從腎乳頭……

❹流出到腎盂，然後再不斷滴滴答答的流入輸尿管。

❾
泌尿器官系統的探險

腎臟與心臟關係的探險

從心臟朝主動脈方向擠出的血液，每分鐘達5公升。

其中約4分之1的量送達腎臟。

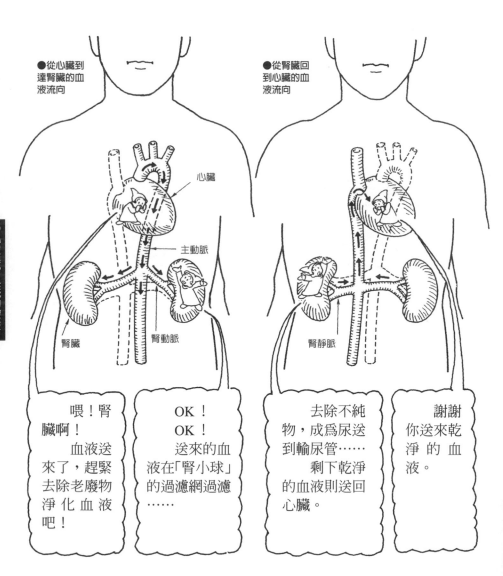

●從心臟到達腎臟的血液流向

●從腎臟回到心臟的血液流向

心臟

主動脈

腎臟

腎動脈

腎靜脈

⑨泌尿器官系統的探險

喂！腎臟啊！

血液送來了，趕緊去除老廢物淨化血液吧！

OK！OK！

送來的血液在「腎小球」的過濾網過濾……

去除不純物，成為尿送到輸尿管……

剩下乾淨的血液則送回心臟。

謝謝你送來乾淨的血液。

腎臟中腎單位的探險

在腎臟中，皮質部的「腎小體（腎小球與腎小球囊）」和髓質部的「尿細管」成為2組，每1組都稱為腎單位。

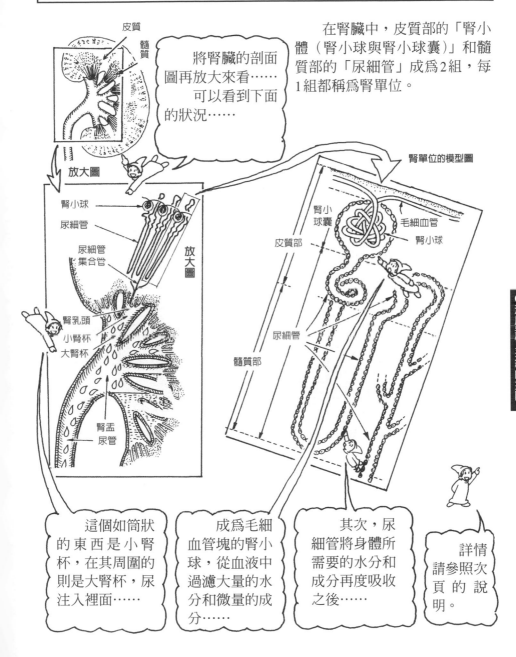

將腎臟的剖面圖再放大來看……可以看到下面的狀況……

皮質
髓質

放大圖

腎小球
尿細管
尿細管
集合管

放大圖

腎乳頭
小腎杯
大腎杯

腎盂
尿管

腎單位的模型圖

腎小球囊
毛細血管
腎小球

皮質部

尿細管

髓質部

❾ 泌尿器官系統的探險

這個如筒狀的東西是小腎杯，在其周圍的則是大腎杯，尿注入裡面……

成為毛細血管塊的腎小球，從血液中過濾大量的水分和微量的成分……

其次，尿細管將身體所需要的水分和成分再度吸收之後……

詳情請參照次頁的說明。

腎臟製造尿液構造的探險

送達腎臟的血液如下圖所示，藉著腎小球和尿細管的互助合作，分出身體所需要的物質和身體不需要的物質（老廢物），老廢物成為尿送到膀胱。

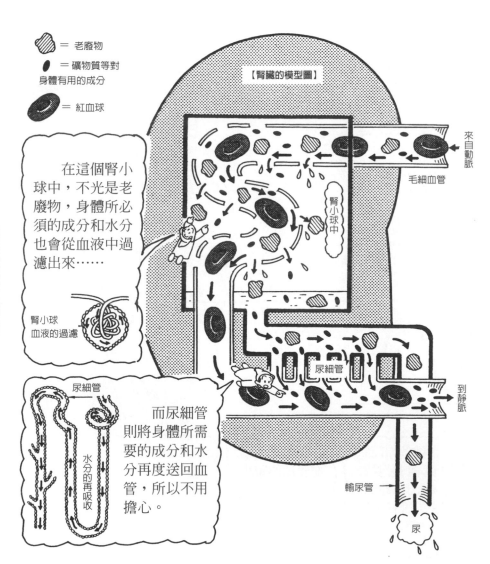

= 老廢物

= 礦物質等對身體有用的成分

= 紅血球

【腎臟的模型圖】

來自動脈

毛細血管

腎小球中

在這個腎小球中，不光是老廢物，身體所必須的成分和水分也會從血液中過濾出來……

腎小球血液的過濾

尿細管

到靜脈

尿細管

水分的再吸收

而尿細管則將身體所需要的成分和水分再度送回血管，所以不用擔心。

輸尿管

尿

9 泌尿器官系統的探險

【參考】紅血球因分子較大，因此無法由腎小球加以過濾，但是，腎臟生病時會被過濾，這種情形稱為「血尿」。

輸尿管與膀胱作用的探險

在腎臟製造尿液時（參照前頁），尿液不斷滴滴答答的注入輸尿管這個直徑4～7毫米、長28～30公分的管子裡。

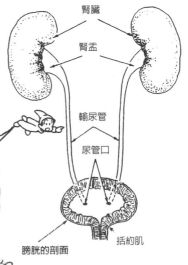

腎臟
腎盂
輸尿管
尿管口
膀胱的剖面
括約肌

請看這裡。
將輸尿管切斷時，如右圖所示……
通常管內壁的皺襞會靠攏，但是……

輸尿管的剖面圖
外膜
肌膜
粘膜
皺襞靠攏

……當尿液流通時，如右圖所示，皺襞會伸直、管子變粗，讓尿通過。

尿

注入輸尿管的尿被送到如袋狀的器官膀胱裡，暫時儲存。

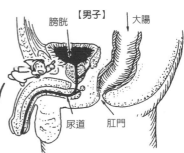

膀胱的位置……男子

【男子】
膀胱　大陽
尿道　肛門

膀胱大約可以積存500毫升的水……

但是積存的尿液到達250～300毫升的量時，受到神經的刺激，會產生的尿意，袋的出口括約肌放鬆，把尿送達尿道。

……尿道的構造及功能，在次頁還有詳細的說明。

⑨ 泌尿器官系統的探險

尿道構造的探險

尿從膀胱排出體外的管子稱爲尿道，男性與女性具有以下的不同。

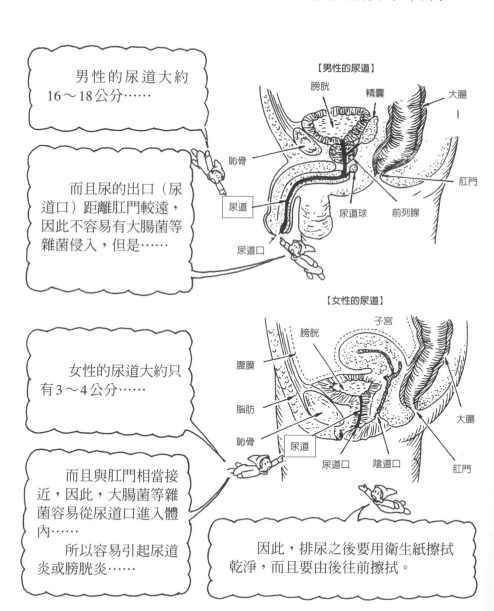

男性的尿道大約16～18公分……

而且尿的出口（尿道口）距離肛門較遠，因此不容易有大腸菌等雜菌侵入，但是……

【男性的尿道】

膀胱　精囊　大腸

恥骨

尿道

尿道口　尿道球　前列腺　肛門

【女性的尿道】

子宮

膀胱

腹膜

脂肪

恥骨　尿道

尿道口　陰道口　大腸　肛門

女性的尿道大約只有3～4公分……

而且與肛門相當接近，因此，大腸菌等雜菌容易從尿道口進入體內……

所以容易引起尿道炎或膀胱炎……

因此，排尿之後要用衛生紙擦拭乾淨，而且要由後往前擦拭。

尿成分的探險

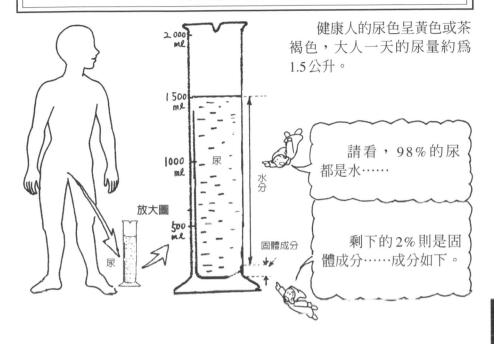

健康人的尿色呈黃色或茶褐色，大人一天的尿量約為1.5公升。

請看，98%的尿都是水……

剩下的2%則是固體成分……成分如下。

【尿中固體成分所含的成分】

●**尿素**……蛋白質在體內被利用掉之後，成為肌肉和內臟根源之後所產生的殘渣，一天要排出25～30公克。

●**肌酸酐**……成為活動肌肉熱量來源的物質，是老廢物，一天要排出1～1.5公克。

●**尿酸**……老舊細胞替換成新細胞時所產生的老廢物，一天要排出0.5～0.8公克。尿變濃就是因為尿酸形成結晶，變大時就會變成結石。

此外，還有其他的微量物質……

●**尿膽素**……老舊的紅血球瓦解之後形成的物質，尿之所以會是黃色的，就是因為有這種物質的緣故（參照87頁）。

●**氨**……成為尿特有的刺激臭的原因物質。

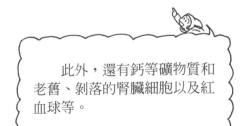

此外，還有鈣等礦物質和老舊、剝落的腎臟細胞以及紅血球等。

尿打掃輸尿管構造的探險

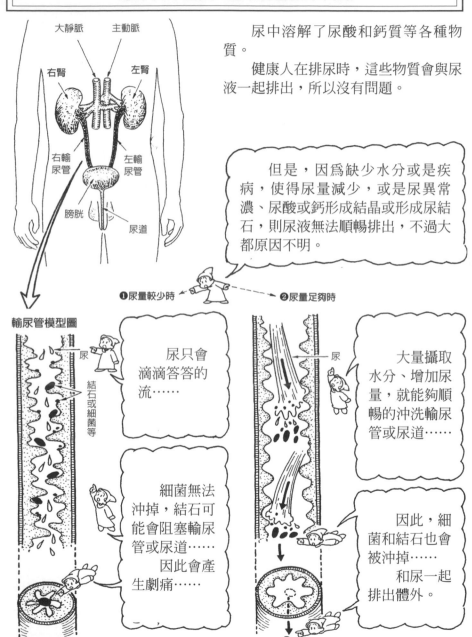

尿中溶解了尿酸和鈣質等各種物質。

健康人在排尿時，這些物質會與尿液一起排出，所以沒有問題。

但是，因為缺少水分或是疾病，使得尿量減少，或是尿異常濃、尿酸或鈣形成結晶或形成尿結石，則尿液無法順暢排出，不過大都原因不明。

❶尿量較少時

❷尿量足夠時

尿只會滴滴答答的流……

細菌無法沖掉，結石可能會阻塞輸尿管或尿道……
因此會產生劇痛……

大量攝取水分、增加尿量，就能夠順暢的沖洗輸尿管或尿道……

因此，細菌和結石也會被沖掉……
和尿一起排出體外。

9 泌尿器官系統的探險

尿排出構造的探險

腎臟製造尿液儲存在膀胱，當到達一定以上的量（約400毫升）時，藉著神經的作用就會產生「尿意」。

像小孩可能會「尿床」，這是因為神經的功能還沒有完全發達所致。

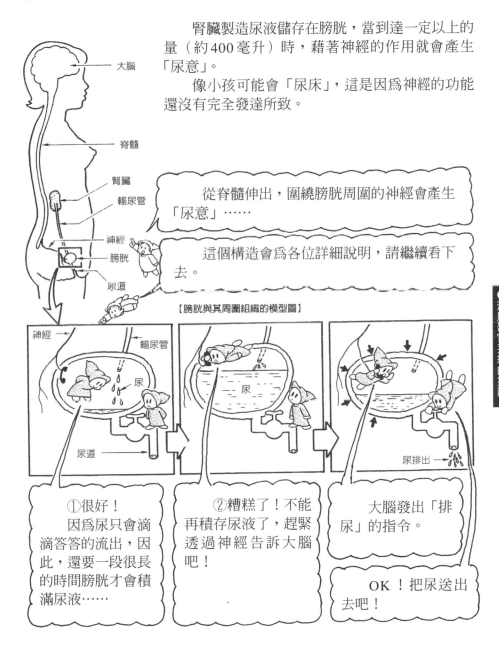

大腦

脊髓

腎臟
輸尿管

神經
膀胱

尿道

從脊髓伸出，圍繞膀胱周圍的神經會產生「尿意」……

這個構造會為各位詳細說明，請繼續看下去。

【膀胱與其周圍組織的模型圖】

神經
輸尿管
尿
尿道

尿

尿排出

①很好！
　因為尿只會滴滴答答的流出，因此，還要一段很長的時間膀胱才會積滿尿液……

②糟糕了！不能再積存尿液了，趕緊透過神經告訴大腦吧！

大腦發出「排尿」的指令。

OK！把尿送出去吧！

❾ 泌尿器官系統的探險

第10章
荷爾蒙之旅探險

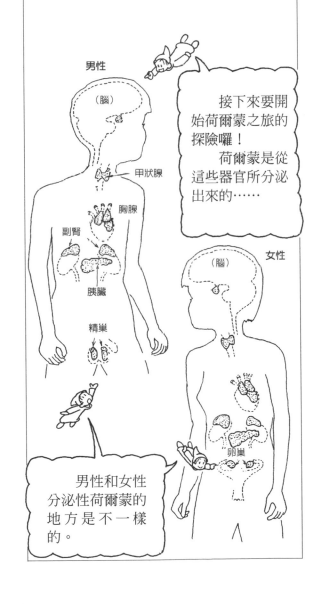

接下來要開始荷爾蒙之旅的探險囉！
荷爾蒙是從這些器官所分泌出來的……

男性和女性分泌性荷爾蒙的地方是不一樣的。

荷爾蒙流程的探險

　　荷爾蒙是指人類成長，過著健康生活所絕對必要的化學物質。

　　荷爾蒙是由腦下垂體、甲狀腺、胸腺、副腎、腎臟、胰臟、精巢（睪丸，或是卵巢）等製造出來

的，因爲會分泌到血液中，因此稱爲內分泌物。

　　分泌荷爾蒙的器官就稱爲內分泌腺（下圖粗字表示名稱）。

❶首先，內分泌腺的父親腦下垂體命令其他的內分泌腺分泌荷爾蒙，使荷爾蒙分泌到血液中……

　　通過靜脈，到達心臟……【注】

❷接著，從心臟通過動脈運送到全身的各內分泌腺（甲狀腺、胸腺、副腎、腎臟、胰臟、睪丸或卵巢）……

　　（參照右邊的原理圖）。

❸各內分泌腺會將荷爾蒙分泌到血液中，經過靜脈到達心臟之後，通過動脈送達全身。

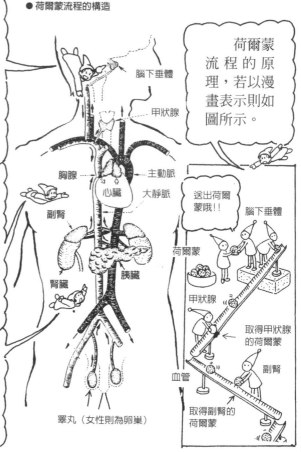

● 荷爾蒙流程的構造

荷爾蒙流程的原理，若以漫畫表示則如圖所示。

腦下垂體
甲狀腺
胸腺
主動脈
心臟
大靜脈
副腎
荷爾蒙
腎臟
胰臟
睪丸（女性則為卵巢）

送出荷爾蒙哦!!
腦下垂體
甲狀腺
取得甲狀腺的荷爾蒙
副腎
血管
取得副腎的荷爾蒙

【注】圖已經省略，但實際上進入心臟的血液送達肺，在此進行氣體交換之後，再回到心臟（參照92頁）。

荷爾蒙構造的探險

荷爾蒙的構造如下圖所示，如果以公司作為比喻，就比較容易了解了。

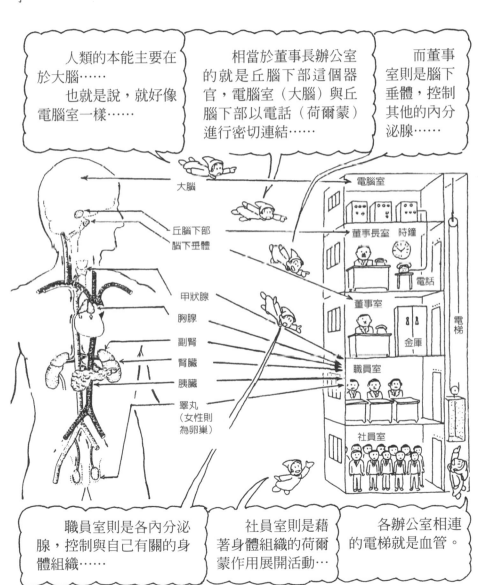

人類的本能主要在於大腦……
也就是說，就好像電腦室一樣……

相當於董事長辦公室的就是丘腦下部這個器官，電腦室（大腦）與丘腦下部以電話（荷爾蒙）進行密切連結……

而董事室則是腦下垂體，控制其他的內分泌腺……

大腦

丘腦下部
腦下垂體

甲狀腺
胸腺
副腎
腎臟
胰臟
睪丸
（女性則為卵巢）

電腦室

董事長室　時鐘

電話

董事室

金庫

電梯

職員室

社員室

職員室則是各內分泌腺，控制與自己有關的身體組織……

社員室則是藉著身體組織的荷爾蒙作用展開活動…

各辦公室相連的電梯就是血管。

⑩荷爾蒙之旅探險

丘腦下部作用的探險

丘腦下部是在大腦底的中央部，這裡是大腦神經的集合處【注】。

因此，能夠吸收來自大腦的情報。

【丘腦下部與腦下垂體】

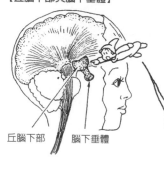

丘腦下部　　腦下垂體

> 丘腦下部利用荷爾蒙或神經等，傳達命令到腦下垂體……

> 人體具備了生物時鐘。青春期的孩子身體會變成大人……，關於其構造接下來會為各位說明……

→…實際荷爾蒙的流程

生物時鐘
【注】
生物時鐘

丘腦下部　　腦下垂體

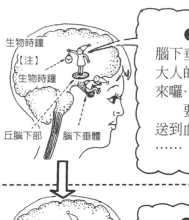

❶喂，喂！腦下垂體，成為大人的時期快到來囉……
要把荷爾蒙送到血液裡去囉……

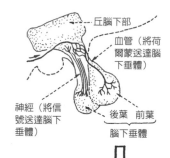

丘腦下部

血管（將荷爾蒙送達腦下垂體）

神經（將信號送達腦下垂體）

後葉　前葉
腦下垂體

❷ ok!! ok!! 來自丘腦下部的荷爾蒙已經送達，趕緊將荷爾蒙送到性腺去吧！

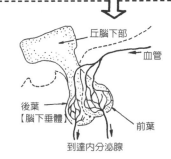

丘腦下部

血管

後葉
【腦下垂體】

前葉

到達內分泌腺

【注】丘腦下部有很多自律神經中樞，此外，還有食慾、性慾、睡眠、水分代謝、體溫調節等中樞，是非常重要之處。

腦下垂體作用的探險

腦下垂體接受丘腦下部的命令（利用荷爾蒙或神經做出指示），分泌如下圖所示的荷爾蒙。

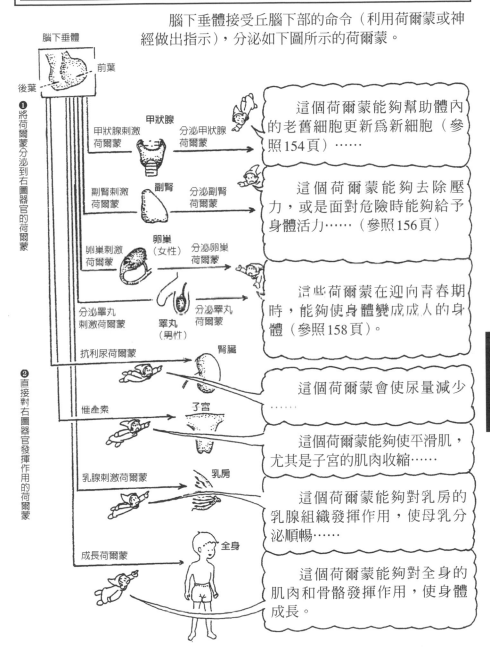

這個荷爾蒙能夠幫助體內的老舊細胞更新爲新細胞（參照154頁）……

這個荷爾蒙能夠去除壓力，或是面對危險時能夠給予身體活力……（參照156頁）

這些荷爾蒙在迎向青春期時，能夠使身體變成成人的身體（參照158頁）。

這個荷爾蒙會使尿量減少……

這個荷爾蒙能夠使平滑肌，尤其是子宮的肌肉收縮……

這個荷爾蒙能夠對乳房的乳腺組織發揮作用，使母乳分泌順暢……

這個荷爾蒙能夠對全身的肌肉和骨骼發揮作用，使身體成長。

❿荷爾蒙之旅探險

甲狀腺與副甲狀腺的探險

★甲狀腺的位置

甲狀腺如下圖所示，垂掛在器官入口的喉頭處。

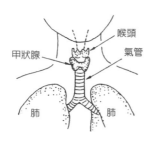

甲狀腺荷爾蒙的作用

❶新陳代謝的調節……身體細胞中，血液中的糖分，會和呼吸吸入的氧結合，產生熱或運動能量，稱為新陳代謝……

荷爾蒙過多時

這個荷爾蒙會控制新陳代謝……

當這個荷爾蒙太多時，吸入大量的氧使糖分大量燃燒，因此身體會發燙、脈搏跳動快速，比別人更會流汗，即使吃再多，體重仍然會減輕。

❷促進成長的作用……

這個荷爾蒙含有強力促進成長的物質，此外，也能夠幫助腦的發達。

❿荷爾蒙之旅探險

★副甲狀腺的位置

副甲狀腺如大豆粒般大，在甲狀腺內側共四個，好像被遮住一般。

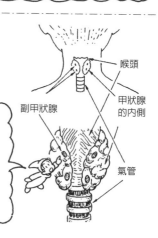

這兒所產生的荷爾蒙，當血液中的鈣質減少時，會溶解骨骼的成分，讓鈣質流到血液中……

但是這個荷爾蒙太多時，則鈣質會從血液釋放到尿中，形成結石。

胰臟荷爾蒙的探險

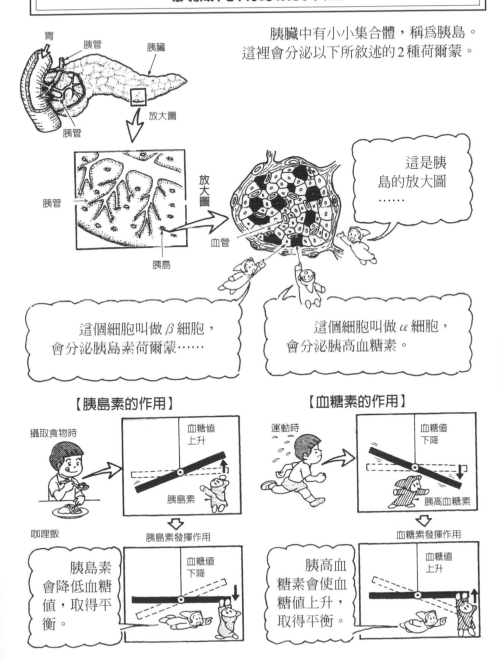

胰臟中有小小集合體，稱為胰島。
這裡會分泌以下所敘述的2種荷爾蒙。

胃　胰管　胰臟

放大圖

胰管

胰管

放大圖

血管

胰島

這是胰島的放大圖……

這個細胞叫做 β 細胞，會分泌胰島素荷爾蒙……

這個細胞叫做 α 細胞，會分泌胰高血糖素。

⑩ 荷爾蒙之旅探險

【胰島素的作用】

攝取食物時

血糖值上升

胰島素

咖哩飯

胰島素發揮作用

胰島素會降低血糖值，取得平衡。

血糖值下降

【血糖素的作用】

運動時

血糖值下降

胰高血糖素

血糖素發揮作用

胰高血糖素會使血糖值上升，取得平衡。

血糖值上升

副腎荷爾蒙作用的探險

副腎在左右腎臟上方，是三角形的內分泌腺器官，分為外側的「皮質」與內側的「髓質」。

腎臟　　　副腎

髓質　　　皮質

皮質

髓質

放大圖

●副腎皮質的荷爾蒙【注1】

胰高血糖素發揮作用

我是醣類荷爾蒙，當壓力增加時能提高身體的抵抗力，去除壓力。工作或學習時，會使這個荷爾蒙的分泌量增多，所以在上午能提升效率。

荷爾蒙分泌量的變化

量

0 4 8 12 16 20 24
（時）

我是電解質荷爾蒙，與腎臟互助合作，在體內控制礦物質（電解質）的量（參照次頁）。

我叫副腎性性腺荷爾蒙，能使睪丸和卵巢發達。

●副腎髓質的荷爾蒙【注2】

髓質會分泌腎上腺素。這個荷爾蒙在發生緊急事態時，能夠從肝臟釋出大量的葡萄糖，從肺釋出大量的氧，供給血液，瞬間產生能量（右圖）。

需要大量的葡萄糖。

來自髓質的荷爾蒙到達了！

OK！趕緊讓葡萄糖流入血管中吧！

血管

肝臟

⑩ 荷爾蒙之旅探險

【注1】稱為類固醇。
【注2】稱為兒茶酚胺

在腎臟的荷爾蒙作用的探險

運動或流汗時，汗中會溶解出身體的鹽分。

缺乏鹽分時，就會引起各種障礙，因此，如以下所敘述的，腎臟和副腎攜手合作，維持體內鹽分的穩定。

副腎皮質

腎臟

糟糕了！糟糕了！體內的鹽分一起和汗大量的排出體外了。

副腎皮質啊！趕緊將化學物質「血管緊張肽原酶」溶解到血液中吧！拜託你了！

OK！OK！

「血管緊張肽原酶」送來之後，立刻將電解腎荷爾蒙【注】朝向腎臟分泌……

這樣就能夠抑制鹽分溶解到尿中。

【參考】胸腺

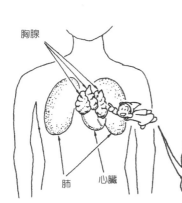

胸腺

肺　　心臟

胸腺掛在心臟的上方，是內分泌腺，具有培養淋巴球（擊退由體外入侵的細菌的血球）的作用。

也就是說，可以教育淋巴球識別自己與非自己的能力。

長大成人之後停止發達並逐漸縮小。

⑩荷爾蒙之旅探險

【注】稱為醛甾酮。

男性荷爾蒙與女性荷爾蒙之旅

大腦的丘腦下部有生物時鐘，當少年少女到了青春期時，會有以下的變化。

丘腦下部

生物時鐘

腦下垂體

喂！腦下垂體啊！生物時鐘已經到了要變成成人的年齡了，趕緊通知它吧！

OK！趕緊讓刺激性腺的荷爾蒙流入血液中。

這個荷爾蒙通過血管，朝心臟的方向前進……

肺　　　心臟

●男性的情形

經過心臟→肺→心臟，通過動脈，朝性腺的方向前進……

荷爾蒙到達睪丸時……
這時，變成成人的荷爾蒙會送到身體各處（身體會出現何種變化，請參照187頁）。

睪丸→

●女性的情形

女性則是將刺激性腺的荷爾蒙送達卵巢。

卵巢

腦下垂體已經把荷爾蒙送來了。
趕緊將變成成人的荷爾蒙送到身體各處吧！（會產生何種變化請參照188頁）

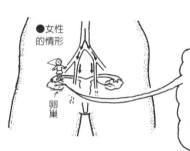

（側邊標籤）⑩荷爾蒙之旅探險

第11章
眼、耳、鼻的探險

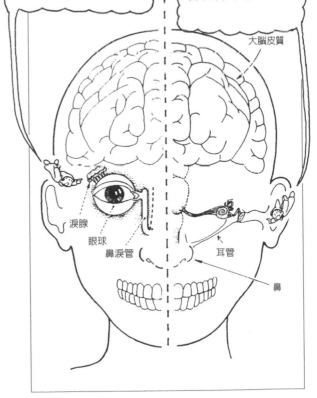

請看此處……
眼睛藉著鼻淚管和鼻子相連，多餘的淚會經由這根管子流到鼻子……

此外，還可以看看在頭內部耳朵的構造……
耳也是藉著耳管和鼻子相連。

大腦皮質

淚腺

眼球

鼻淚管

耳管

鼻

眼睛構造概要的探險

眼睛接受來自外界各種光的刺激。

▶照相機的原理

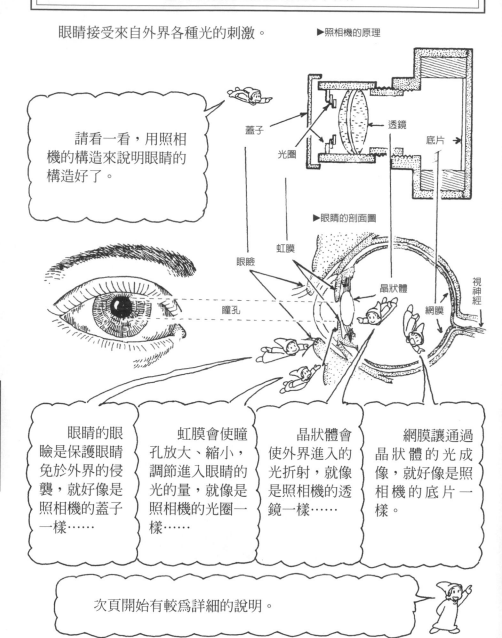

請看一看，用照相機的構造來說明眼睛的構造好了。

蓋子

光圈

透鏡

底片

▶眼睛的剖面圖

眼瞼

虹膜

瞳孔

晶狀體

網膜

視神經

眼睛的眼瞼是保護眼睛免於外界的侵襲，就好像是照相機的蓋子一樣……

虹膜會使瞳孔放大、縮小，調節進入眼睛的光的量，就像是照相機的光圈一樣……

晶狀體會使外界進入的光折射，就像是照相機的透鏡一樣……

網膜讓通過晶狀體的光成像，就好像是照相機的底片一樣。

次頁開始有較爲詳細的說明。

⑪眼、耳、鼻的探險

近視構造的探險

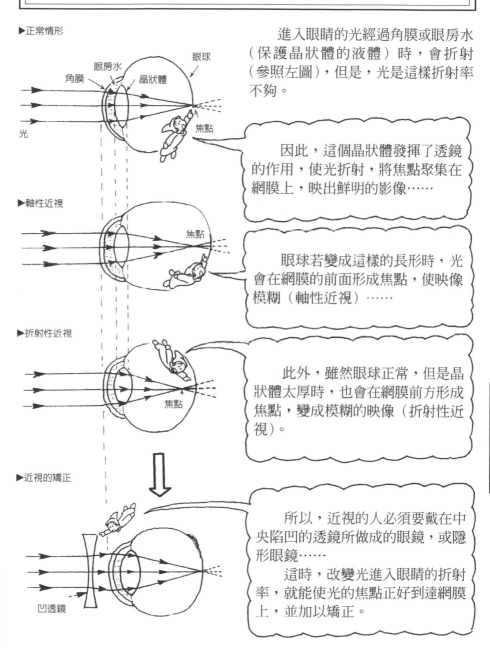

▶正常情形

眼球

眼房水

角膜　　晶狀體

光

焦點

▶軸性近視

焦點

▶折射性近視

焦點

▶近視的矯正

凹透鏡

　　進入眼睛的光經過角膜或眼房水（保護晶狀體的液體）時，會折射（參照左圖），但是，光是這樣折射率不夠。

　　因此，這個晶狀體發揮了透鏡的作用，使光折射，將焦點聚集在網膜上，映出鮮明的影像……

　　眼球若變成這樣的長形時，光會在網膜的前面形成焦點，使映像模糊（軸性近視）……

　　此外，雖然眼球正常，但是晶狀體太厚時，也會在網膜前方形成焦點，變成模糊的映像（折射性近視）。

　　所以，近視的人必須要戴在中央陷凹的透鏡所做成的眼鏡，或隱形眼鏡……
　　這時，改變光進入眼睛的折射率，就能使光的焦點正好到達網膜上，並加以矯正。

⑪眼、耳、鼻的探險

假性近視發生構造的探險

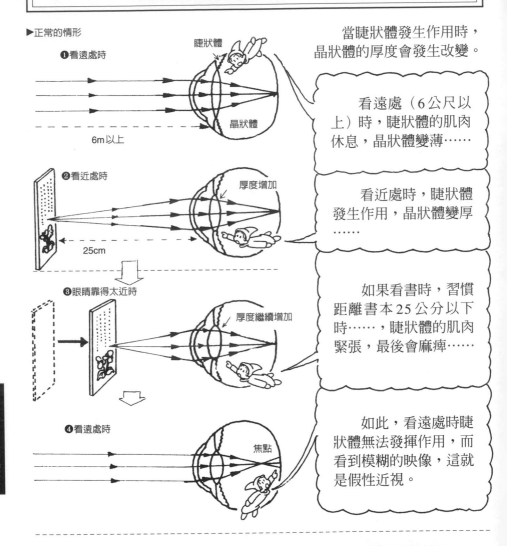

▶正常的情形

❶看遠處時

睫狀體

晶狀體

6m以上

❷看近處時

厚度增加

25cm

❸眼睛靠得太近時

厚度繼續增加

❹看遠處時

焦點

當睫狀體發生作用時，晶狀體的厚度會發生改變。

看遠處（6公尺以上）時，睫狀體的肌肉休息，晶狀體變薄……

看近處時，睫狀體發生作用，晶狀體變厚……

如果看書時，習慣距離書本25公分以下時……，睫狀體的肌肉緊張，最後會麻痺……

如此，看遠處時睫狀體無法發揮作用，而看到模糊的映像，這就是假性近視。

【假性近視的特徵】

▶如果點了消除緊張的眼藥，則睫狀體的肌肉會放鬆，視力會恢復，但是通常還會再恢復原狀。

【假性近視的預防法】

▶看書時，要養成保持距離25公分以上的習慣。

▶有時要看遠處，讓眼睛休息。

保護眼睛構造的探險

眼睛經常暴露在由外進入的灰塵和細菌中。但是，眼睛和眼睛周圍的器官具有以下所述的作用，能夠保護眼睛。

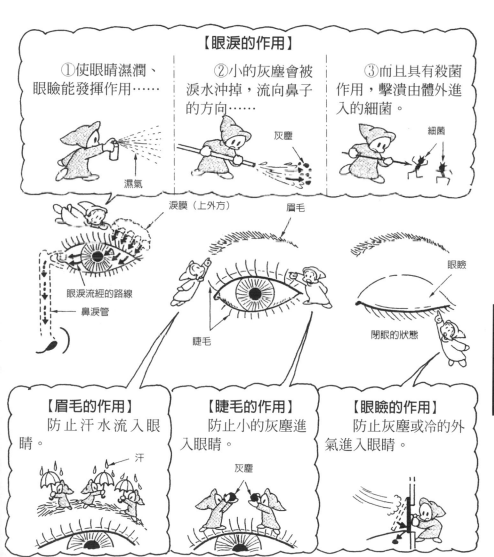

【眼淚的作用】

①使眼睛濕潤、眼瞼能發揮作用……

濕氣

②小的灰塵會被淚水沖掉，流向鼻子的方向……

灰塵

③而且具有殺菌作用，擊潰由體外進入的細菌。

細菌

淚膜（上外方）

眉毛

眼淚流經的路線

鼻淚管

睫毛

眼瞼

閉眼的狀態

【眉毛的作用】
　防止汗水流入眼睛。

汗

【睫毛的作用】
　防止小的灰塵進入眼睛。

灰塵

【眼瞼的作用】
　防止灰塵或冷的外氣進入眼睛。

⑪眼、耳、鼻的探險

耳朵構造概要的探險

耳朵具有聽聲音及保持身體平衡的作用，如下圖所示，由3個部分所構成。

耳殼（耳垂）到耳洞深處的鼓膜的部分，稱爲外耳……

鼓膜深處的空洞是中耳（鼓室），裡面有錘骨、砧骨及鐙骨。

中耳的深處埋於骨中的，就是半規管和耳蝸骨等，稱爲內耳。

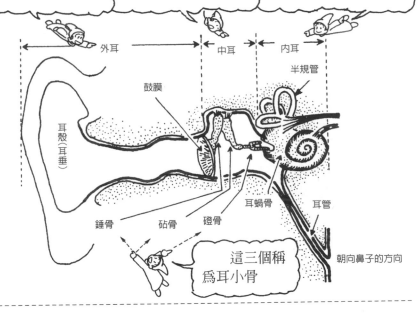

這三個稱爲耳小骨

【參考】外耳道彎曲的理由

外耳道不是筆直的，而是如右圖所示，呈緩和S狀彎曲。

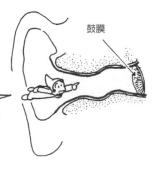

因爲是彎曲的，所以即使不小心被手指搓到時，也可以在中途被擋住，防止鼓膜破裂。

聲音傳達的探險（鼓膜與耳小骨）

鼓膜是呈珍珠色的薄膜，從耳朵進入的音波能使其產生細微的振動，這個振動傳達到耳小骨（錘骨、砧骨、鐙骨），其構造如下圖所示。

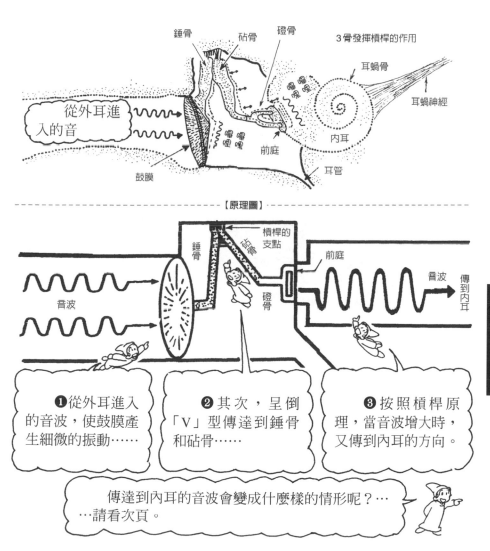

【原理圖】

❶從外耳進入的音波，使鼓膜產生細微的振動……

❷其次，呈倒「Ｖ」型傳達到錘骨和砧骨……

❸按照槓桿原理，當音波增大時，又傳到內耳的方向。

傳達到內耳的音波會變成什麼樣的情形呢？……請看次頁。

⑪眼、耳、鼻的探險

聽得到音的構造探險（內耳）

內耳好像埋在頭骨中似的，分為耳蝸骨、半規管與前庭。

耳蝸骨如下所述，具有分辨聲音的構造。

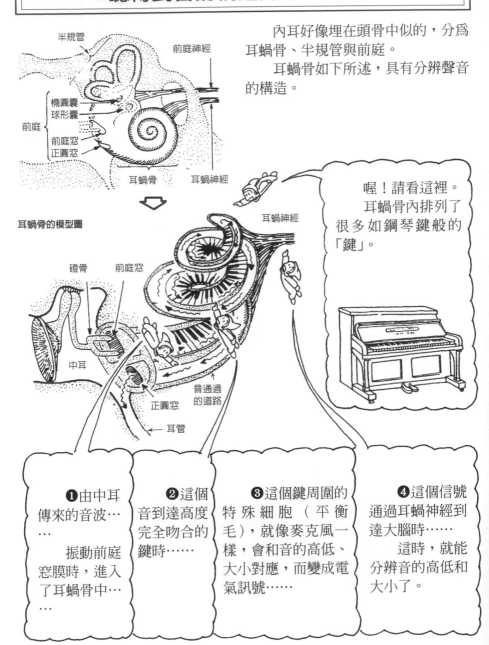

耳蝸骨的模型圖

喔！請看這裡。耳蝸骨內排列了很多如鋼琴鍵般的「鍵」。

❶由中耳傳來的音波……

振動前庭窗膜時，進入了耳蝸骨中……

❷這個音到達高度完全吻合的鍵時……

❸這個鍵周圍的特殊細胞（平衡毛），就像麥克風一樣，會和音的高低、大小對應，而變成電氣訊號……

❹這個信號通過耳蝸神經到達大腦時……

這時，就能分辨音的高低和大小了。

⑪眼、耳、鼻的探險

對於身體旋轉構造的探險（半規管）

半規管是由從頭的正面方向、上下方向、左右方向相互相交成3個直角的管子所構成的。

這個管中充滿了淋巴液，因其流向的不同就可以知道頭如何旋轉，以及旋轉何時停止。

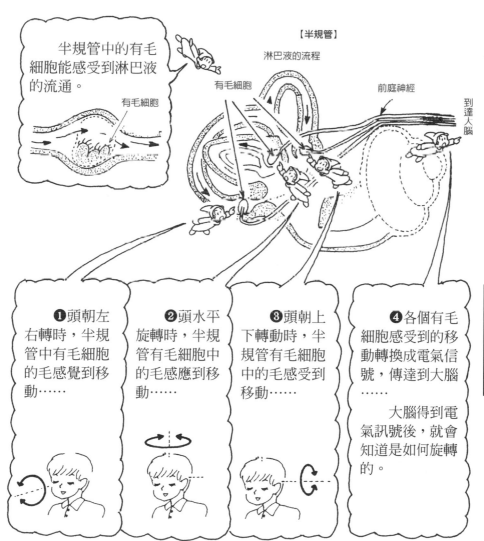

半規管中的有毛細胞能感受到淋巴液的流通。

有毛細胞

【半規管】

淋巴液的流程

有毛細胞

前庭神經

到達人腦

❶頭朝左右轉時，半規管中有毛細胞的毛感覺到移動……

❷頭水平旋轉時，半規管有毛細胞中的毛感應到移動……

❸頭朝上下轉動時，半規管有毛細胞中的毛感受到移動……

❹各個有毛細胞感受到的移動轉換成電氣信號，傳達到大腦……

大腦得到電氣訊號後，就會知道是如何旋轉的。

⑪眼、耳、鼻的探險

對於身體傾斜構造的探險（前庭）

半規管與耳蝸骨間的前庭，有球形囊與橢圓形囊，裡面有淋巴液流通。

人站立時，球形囊與地面垂直，而橢圓形囊則與地面水平，這兩個器官互助合作，即能夠感覺到傾斜。

這裡如下圖所示，有平衡毛器官。

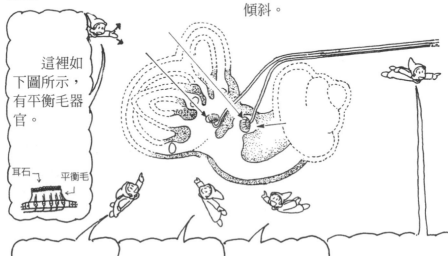

耳石　平衡毛

⑪眼、耳、鼻的探險

身體朝右傾斜時，平衡毛也會朝右傾斜……

朝右

身體筆直時，平衡毛也是直的……

筆直

身體朝左傾斜時，平衡毛也會朝左傾斜……

朝左

各平衡毛的動作會轉換為電氣信號……

傳達到大腦，知道身體傾斜。

藉著這個構造之賜，我們能夠巧妙的取得身體的平衡。

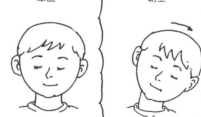

感覺氣味構造的探險

★聞到氣味之處

在鼻子的深處有一個廣大的房間，叫作鼻腔。

在天井處有嗅腺器官，能夠聞到進入鼻中的各種氣味。

★氣味的構造

有氣味的物質會不斷將氣味的成分變成分子，在空氣中蒸發。

舉個例子，在我們聞花的味道時，會有什麼樣的感覺呢？我們來看看。

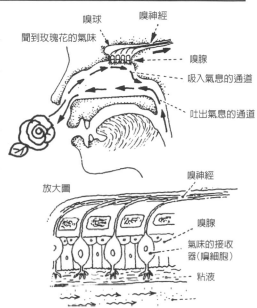

【氣味接受器的放大圖】

哎呀！氣味的分子進入鼻中……嗅腺所產生的分泌液包住了分子，黏住了氣味的接收器。

很好，現在就把這個氣味的訊號送到大腦吧！

接到來自嗅腺的信號……嗯！這就是先前聞過的玫瑰花的香味嘛！

第12章
皮膚的探險

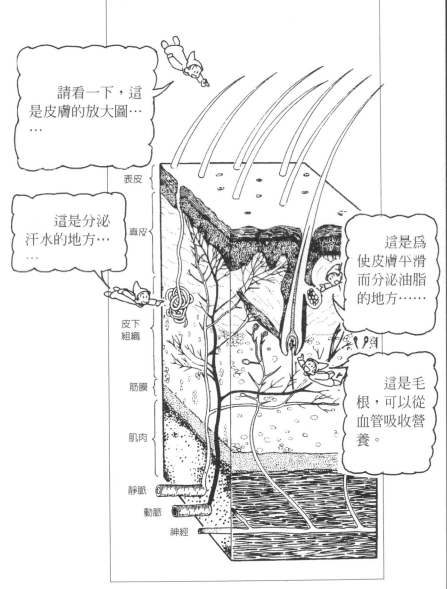

請看一下，這是皮膚的放大圖……

這是分泌汗水的地方……

這是為使皮膚平滑而分泌油脂的地方……

這是毛根，可以從血管吸收營養。

表皮

真皮

皮下組織

筋膜

肌肉

靜脈

動脈

神經

放大皮膚、進行探險

★皮膚的構造

皮膚大致可分為如下圖所示的外側的表皮、內側的真皮，在其下方還有皮下組織。

★皮膚的作用

皮膚具有彈性，不會因為被打濕了而泡脹，所以能夠保護身體內部的細胞。

此外，還可以保護身體免於熱、冷、太陽光的刺激，防止病原菌的侵入。

如果受到燒燙傷，失去３分之１以上的皮膚時，就會危及生命的安全。

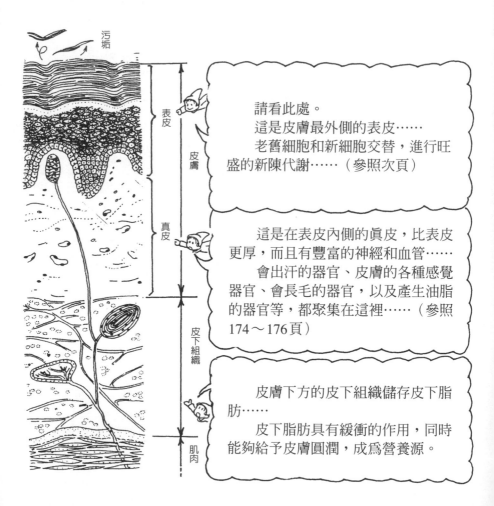

請看此處。
這是皮膚最外側的表皮……
老舊細胞和新細胞交替，進行旺盛的新陳代謝……（參照次頁）

這是在表皮內側的真皮，比表皮更厚，而且有豐富的神經和血管……
會出汗的器官、皮膚的各種感覺器官、會長毛的器官，以及產生油脂的器官等，都聚集在這裡……（參照174～176頁）

皮膚下方的皮下組織儲存皮下脂肪……
皮下脂肪具有緩衝的作用，同時能夠給予皮膚圓潤，成為營養源。

表皮構造的探險

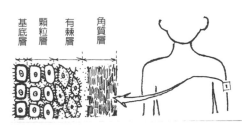

　　表皮不斷的製造新細胞，大約4週就會成為角質從表面脫落，進行旺盛的新陳代謝。

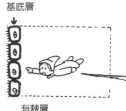

　　表皮的最下層為基底層，會產生表皮的細胞，像母親一樣。

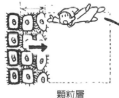

　　而母親會不斷的產生會生出棘的嬰兒細胞，不斷的往上推，形成有棘層……

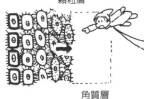

　　生下後大約2週時……
　　這個嬰兒細胞形成顆粒，像草莓臉一般的細胞不斷成長，成為顆粒層……

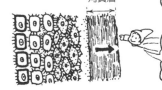

　　然後成為硬而薄的板子狀，不斷堆積形成角質層……

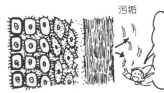

　　出生之後大約經過4週，從上層開始脫落，這就是污垢的真相。

【參考】手掌和腳底的皮膚，在顆粒層和角質層之間有淡明層這一層透明層。

出汗構造的探險

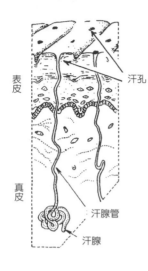

表皮

汗孔

真皮

汗腺管

汗腺

★出汗處

汗是由位於眞皮的汗線（小汗腺）分泌，通過細小的汗腺管，從汗孔排出。

這個小汗腺（外分泌腺）在身體中達190～200萬個。

此外，在陰部和腋下等處則有大汗腺（頂泌腺）。

★汗的分成

汗，百分之99以上是水，剩下的則是鹽分、蛋白質成分和乳酸【注】等。

尤其是大汗腺所分泌的汗混合汗腺的細胞，因此有雜菌繁殖，具有臭味。

★汗的作用

汗具有非常好的調節體溫的機能。

【暑熱時】

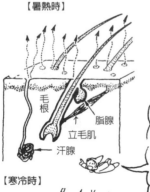

毛根

脂腺

立毛肌

汗腺

【寒冷時】

在熱的時候，汗腺分泌汗、皮膚表面出汗，蒸發時會奪走大量的熱……

毛細孔張開，熱不斷的逃散，可以防止體溫的上升。

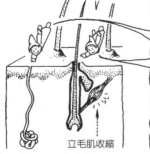

立毛肌收縮

相反的，寒冷時……

汗腺不會排汗……

立毛肌收縮，毛倒立，出現雞皮疙瘩的狀態，避免熱散失。

【注】乳酸是指活動肌肉時所產生的老廢物。

⑫ 皮膚的探險

皮膚感受到感覺的構造之探險

皮膚佈滿會感受到各種刺激的神經。

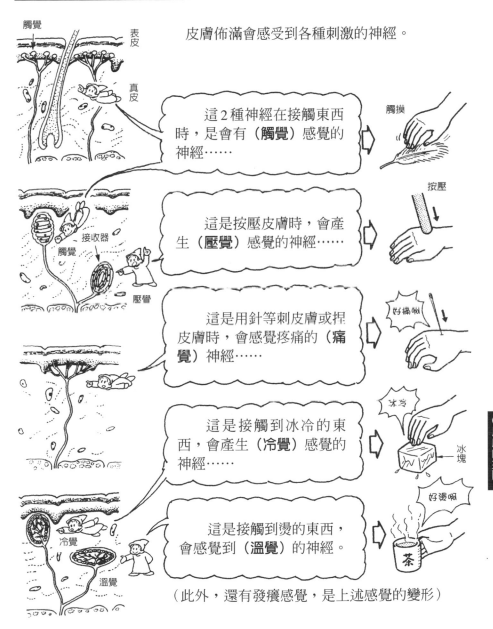

觸覺

表皮

真皮

這2種神經在接觸東西時，是會有（**觸覺**）感覺的神經……

觸摸

接收器

觸覺

壓覺

這是按壓皮膚時，會產生（**壓覺**）感覺的神經……

按壓

這是用針等刺皮膚或捏皮膚時，會感覺疼痛的（**痛覺**）神經……

好痛啊

這是接觸到冰冷的東西，會產生（**冷覺**）感覺的神經……

冰塊

好冷

冷覺

溫覺

這是接觸到燙的東西，會感覺到（**溫覺**）的神經。

好燙啊

茶

（此外，還有發癢感覺，是上述感覺的變形）

⑫皮膚的探險

毛構造的探險

★毛的構造

毛埋在皮膚裡面的構造稱為「毛根」，沿著皮膚生長的部分稱為「毛幹」。

★有毛附屬的器官

❶脂腺……給予皮膚滋潤，產生油脂處。

❷立毛肌……寒冷時會收縮，關閉毛細孔，防止熱逃散的肌肉。

●毛及其周圍器官的狀況

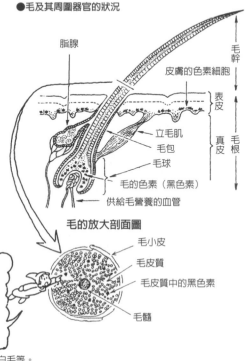

毛的放大剖面圖

> 毛的毛皮質有毛根製造出來的黑色素，使毛變成黑色【注】。

【注】這個黑色素較少時，就會變成紅髮、金髮、白毛等。

【參考】長大成人之後會長出來的毛

孩提時代會長出來的毛有頭髮、眉毛、睫毛等。

但是到了青春期時，為了做好成為成人的準備，荷爾蒙的功能會產生如右圖所示的毛。（詳情參照186頁）

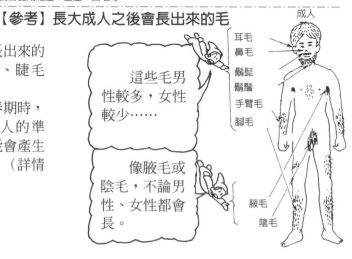

> 這些毛男性較多，女性較少……

> 像腋毛或陰毛，不論男性、女性都會長。

⓬ 皮膚的探險

指甲構造的探險

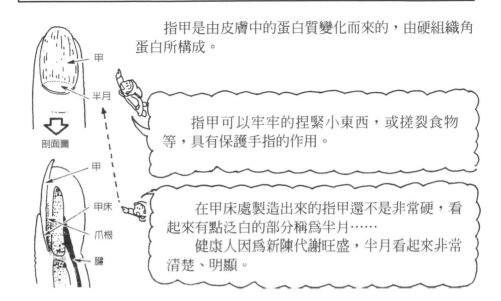

指甲是由皮膚中的蛋白質變化而來的，由硬組織角蛋白所構成。

甲

半月

剖面圖

甲

甲床

爪根

腱

指甲可以牢牢的捏緊小東西，或撕裂食物等，具有保護手指的作用。

在甲床處製造出來的指甲還不是非常硬，看起來有點泛白的部分稱為半月……

健康人因為新陳代謝旺盛，半月看起來非常清楚、明顯。

指紋作用的探險

手掌和腳底的皮膚在胎兒時期就已經有一些細小的紋路。

這個紋路出現在手指的稱為指紋。

指紋在翻書或抓東西時，可以防止滑動。

指紋的基本型有三種……

細的紋路每個人都不一樣，因此……

要捉犯人時，可利用指紋鑑定來特定出犯人。

渦狀紋　　弓狀紋　　蹄狀紋

第13章
神經系統的探險

其次進行神經構造的探險吧！

請看下圖。

好燙！好燙！手燙傷了！

喂！脊髓，趕緊透過神經將「好燙」的信號送出去。

OK!OK!

為避免手燙傷，要對手的肌肉送出「縮回手」的信號。

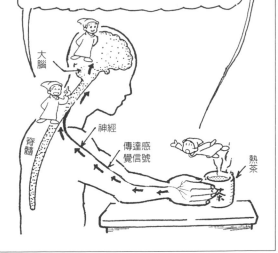

大腦

脊髓

神經

傳達感覺信號

熱茶

茶

神經的探險……神經有哪些種類？

　　神經包括對於來自末梢肌肉或皮膚以及感覺器官的刺激，配合必要下達命令的中樞神經，以及將命令傳達到末梢的末梢神經。

中樞神經
從側面看的圖

末梢神經

腦神經・脊髓神經　　　　　　　　　　自律神經

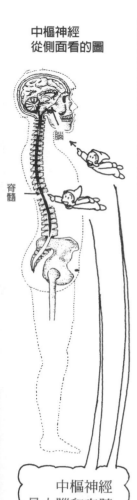

腦

脊髓

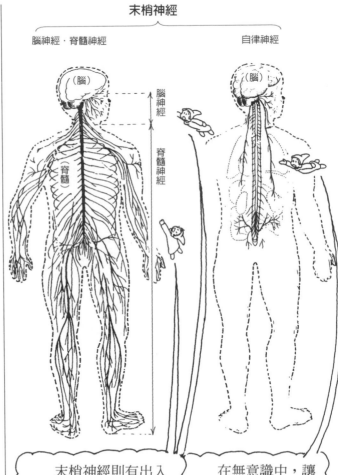

（腦）

腦神經

脊髓神經

脊髓

（腦）

⓭
神
經
系
統
的
探
險

中樞神經是由腦和脊髓構成的情報系統。

末梢神經則有出入腦的「腦神經」，以及出入脊髓的「脊髓神經」及……

在無意識中，讓內臟發揮作用的「自律神經」。

腦作用的探險

同下圖所示，腦具有各種功能。

大腦的作用

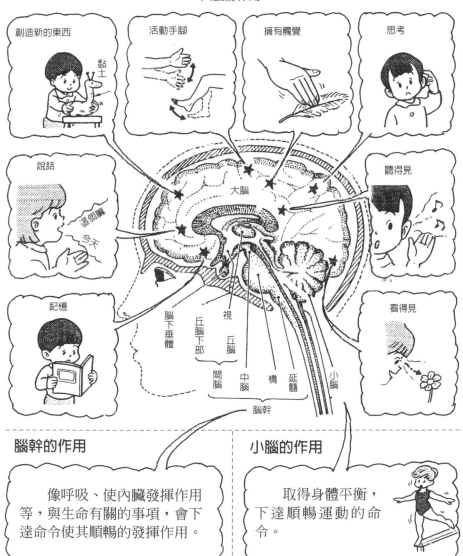

創造新的東西

黏土

活動手腳

擁有觸覺

思考

說話

這個嘛
今天

聽得見

記憶

看得見

大腦

腦下垂體

丘腦下部

視丘腦

間腦

中腦

橋

延髓

小腦

腦幹

腦幹的作用

像呼吸、使內臟發揮作用等，與生命有關的事項，會下達命令使其順暢的發揮作用。

小腦的作用

取得身體平衡，下達順暢運動的命令。

⓭ 神經系統的探險

神經作用的探險 （感覺神經與運動神經）

自律神經以外的末梢神經分為❶將刺激傳達到腦或神經的感覺神經，以及❷將來自腦和脊髓的命令傳達到肌肉的運動神經。

●有意識展現的行動

玫瑰花所產生的光的能量進入眼中，停留在網膜上時……

光能量

網膜的神經細胞接受刺激，通過感覺神經將花的姿態送達腦，產生一種想要花的感覺。

好漂亮的花啊

感覺神經

這時，腦通過運動神經命令手的肌肉做出摘花的動作。

運動神經

●無意識中進行的行動

被花的刺刺到時，疼痛的刺激通過感覺神經傳達到脊髓……

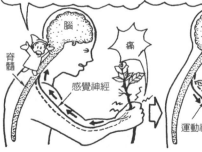

脊髓

痛

感覺神經

脊髓直接通過運動神經，命令手的肌肉放鬆。

啊！鬆手

運動神經

像這種不立刻展現行動就會受傷的情況……
來不及將信號傳達到腦，完全是在無意識的狀態下產生的運動，稱為反射運動。

⓭神經系統的探險

關於反射除了前頁所介紹的之外，還有如下圖所示的❶膝蓋腱反射及❷條件反射。

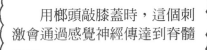

❶膝蓋腱反射

用槌頭敲膝蓋時，這個刺激會通過感覺神經傳達到脊髓……

脊髓通過運動神經，將命令傳達到腳的肌肉【注】，在無意識當中腳尖上抬。

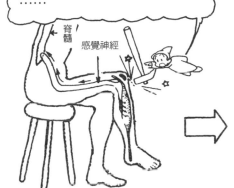

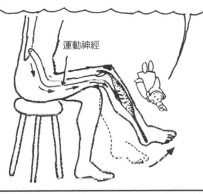

❷條件反射

例如……
舔檸檬的人感覺到檸檬的酸……

光是看到檸檬，腦就想到酸的回憶……
不需要舔自然就會產生唾液。

像這種在以前有過經驗的條件之下……

看到會令人想起這個經驗的東西，或者是感覺到氣味時……

身體就會出現與以往類似的經驗反應，這種反應就稱爲條件反射。

❸神經系統的探險

【注】這個肌肉是股四頭肌。

藥物的投與

　　自律神經包括交感神經與副交感神經，在無意識下會對內臟和內分泌腺發揮作用，其具有如下圖所示的作用。

【自律神經主要的作用】

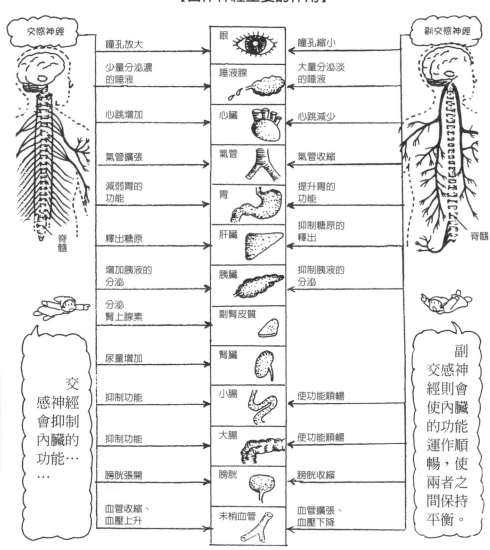

第14章
男孩與女孩
差距的探險

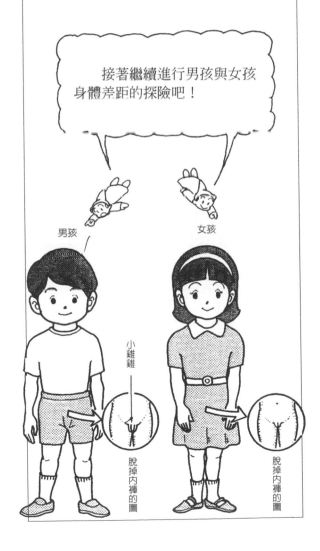

接著繼續進行男孩與女孩
身體差距的探險吧！

男孩

女孩

小雞雞

脫掉內褲的圖

脫掉內褲的圖

男性與女性外觀不同的探險

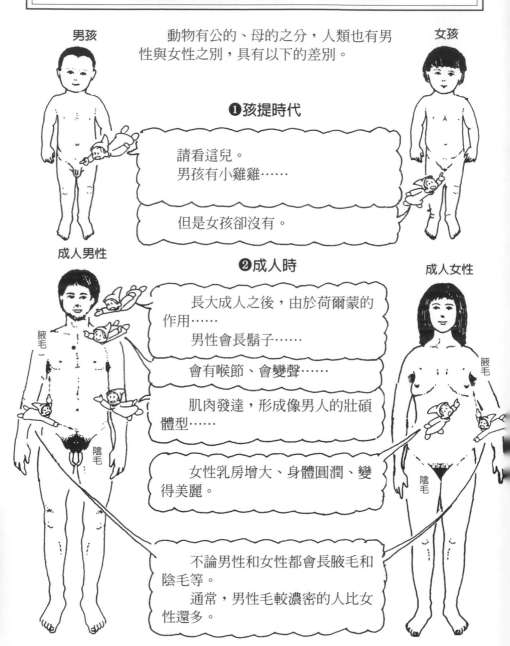

男孩　　　動物有公的、母的之分，人類也有男
性與女性之別，具有以下的差別。　　　女孩

❶孩提時代

請看這兒。
男孩有小雞雞……

但是女孩卻沒有。

成人男性　　　❷成人時　　　成人女性

長大成人之後，由於荷爾蒙的
作用……
男性會長鬍子……

腋毛

會有喉節、會變聲……

肌肉發達，形成像男人的壯碩
體型……

陰毛

女性乳房增大、身體圓潤、變
得美麗。

腋毛

陰毛

不論男性和女性都會長腋毛和
陰毛等。
通常，男性毛較濃密的人比女
性還多。

⓮男孩與女孩差距的探險

男性生殖器的探險

男性的生殖器爲陰莖，主要具有以下二種作用。

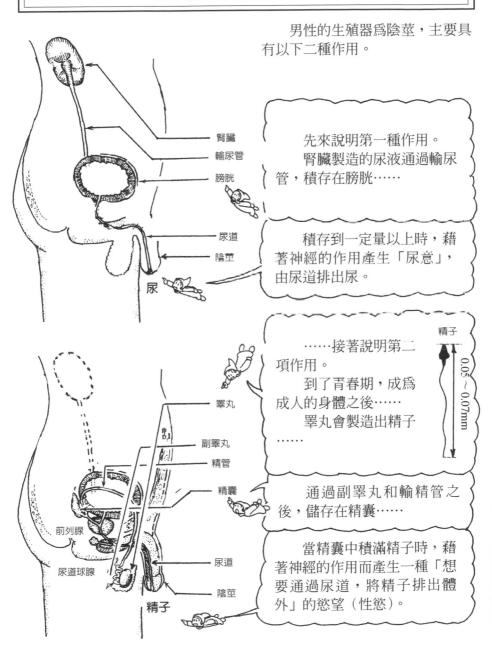

腎臟
輸尿管
膀胱
尿道
陰莖
尿

睪丸
副睪丸
精管
精囊
前列腺
尿道球腺
尿道
陰莖
精子

精子
0.05～0.07mm

先來說明第一種作用。
腎臟製造的尿液通過輸尿管，積存在膀胱……

積存到一定量以上時，藉著神經的作用產生「尿意」，由尿道排出尿。

……接著說明第二項作用。
到了青春期，成爲成人的身體之後……
睪丸會製造出精子……

通過副睪丸和輸精管之後，儲存在精囊……

當精囊中積滿精子時，藉著神經的作用而產生一種「想要通過尿道，將精子排出體外」的慾望（性慾）。

女性生殖器的探險

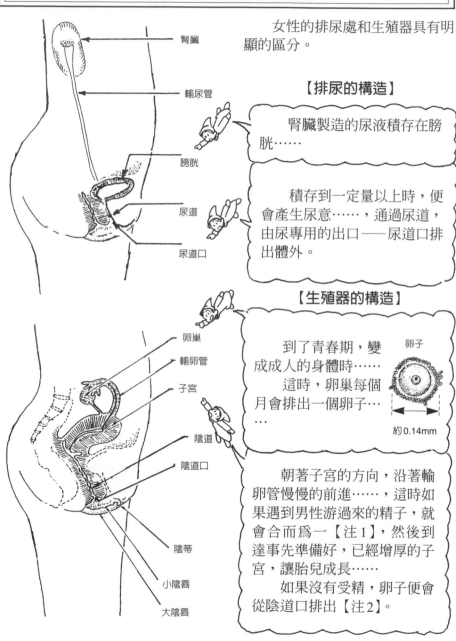

腎臟

輸尿管

膀胱

尿道

尿道口

卵巢

輸卵管

子宮

陰道

陰道口

陰蒂

小陰唇

大陰唇

女性的排尿處和生殖器具有明顯的區分。

【排尿的構造】

腎臟製造的尿液積存在膀胱……

積存到一定量以上時，便會產生尿意……，通過尿道，由尿專用的出口——尿道口排出體外。

【生殖器的構造】

到了青春期，變成成人的身體時……這時，卵巢每個月會排出一個卵子……

卵子

約0.14mm

朝著子宮的方向，沿著輸卵管慢慢的前進……，這時如果遇到男性游過來的精子，就會合而為一【注1】，然後到達事先準備好，已經增厚的子宮，讓胎兒成長……

如果沒有受精，卵子便會從陰道口排出【注2】。

【注1】稱為受精。
【注2】這時卵子和脫落的子宮壁連同出血一起排出體外，稱為月經。

⓮ 男孩與女孩差距的探險

嬰兒出生構造的探險

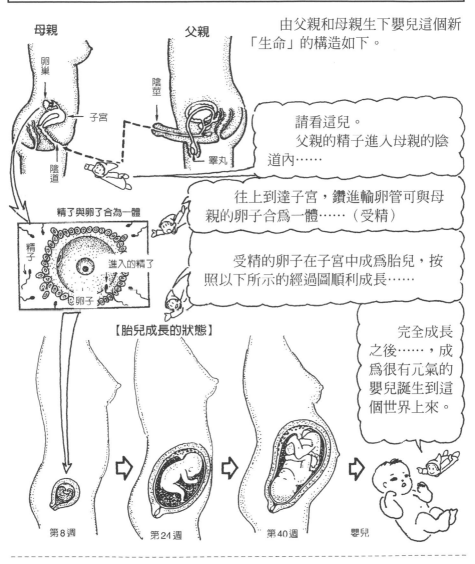

由父親和母親生下嬰兒這個新「生命」的構造如下。

母親

父親

卵巢

子宮

陰莖

陰道

睪丸

請看這兒。
父親的精子進入母親的陰道內……

精子與卵子合為一體

精子

進入的精子

卵子

往上到達子宮，鑽進輸卵管可與母親的卵子合為一體……（受精）

受精的卵子在子宮中成為胎兒，按照以下所示的經過圖順利成長……

完全成長之後……，成為很有元氣的嬰兒誕生到這個世界上來。

【胎兒成長的狀態】

第8週

第24週

第40週

嬰兒

關於男女的生殖器和嬰兒誕生的構造，詳細情形請參照《大家一起來談性》（台北‧林鬱出版 02-2664-2511）。

⑭男孩與女孩差距的探險

國家圖書館出版品預行編目資料

完全圖解身體趣味探險，健康研究中心主編，
　　初版，新北市，新視野 New Vision，2023.04
　　　面；　　公分 --
　　　ISBN 978-626-97013-7-7（平裝）
1.CST：人體學　2.CST：通俗作品

397　　　　　　　　　　　　　　　112000960

完全圖解身體趣味探險
健康研究中心主編

出　　版　新視野 New Vision
製　　作　新潮社文化事業有限公司
　　　　　電話 02-8666-5711
　　　　　傳真 02-8666-5833
　　　　　E-mail：service@xcsbook.com.tw

印前作業　東豪印刷事業有限公司
印刷作業　福霖印刷有限公司

總 經 銷　聯合發行股份有限公司
　　　　　新北市新店區寶橋路 235 巷 6 弄 6 號 2F
　　　　　電話 02-2917-8022
　　　　　傳真 02-2915-6275

初版一刷　2023 年 6 月